AF596902

# Problêmes

de

# Mathématiques

---

## Principes - Formules

## Exercices

---

Paris

1863.

Lith. Coupon 8 r. d'Ulm Paris.

temps ex-

10 jours

# Problèmes de Mathématiques.

## Principes et Formules.

## Arithmétique.

Questions relatives aux grandeurs qui varient dans le même rapport ou dans un rapport inverse (Règle de trois).

1. Le principe dont l'énoncé suit permet d'écrire immédiatement le résultat de ces sortes de questions.

Soit A une grandeur qui varie en raison directe de certaines grandeurs B, C, D, et en raison inverse d'autres grandeurs M, N, P; sachant que cette grandeur a une valeur a lorsque les autres ont respectivement pour valeurs b, c, d, m, n, p, on trouve pour la valeur x qu'elle prend lorsque les autres ont de nouvelles valeurs b', c', d', m', n', p'

$$x = a \times \frac{b'}{b} \times \frac{c'}{c} \times \frac{d'}{d} \times \frac{m}{m'} \times \frac{n}{n'} \times \frac{p}{p'}$$

2. Exemple. Il a fallu 15 jours à 50 ouvriers travaillant 8 heures par jour pour creuser un fossé long de 400 mètres, large de $6^m$ et profond de $3^m$. Combien faudra-t-il de jours à 35 ouvriers travaillant 10 heures par jour, pour creuser un fossé long de $380^m$, large de $5^m$ et profond de $2^m\,50$?

Le nombre de jours de travail est en rapport direct avec les dimensions du fossé et en rapport inverse avec les nombres d'ouvriers et d'heures; on a donc en appelant x le nombre de jours demandé:

$$x = 15 \times \frac{380}{400} \times \frac{5}{6} \times \frac{2.50}{3} \times \frac{50}{35} \times \frac{8}{10} = 11,309$$

### Intérêts simples.

3. Les questions relatives aux intérêts simples se résolvent à l'aide de la formule:

$$I = \frac{a\ i\ t}{100}$$

dans laquelle $I$ représente l'intérêt, $a$ le capital, $i$ le taux et $t$ le temps exprimé, en prenant l'année pour unité.

Cette formule donne pour les quantités $a, i, t$ :

$$a = \frac{100\,I}{it} \qquad i = \frac{100\,I}{at} \qquad t = \frac{100\,I}{ai}$$

4. Exemple. Quel est le capital qui a rapporté 127f 50 en 4 mois à 4½ % ?

On a ici $I = 127{,}50$ $\quad i = 4.50 \quad$ $t = \frac{4 \times 30 + 10}{360} = \frac{130}{360}$

donc : $a = \dfrac{100 \times 127{,}50}{4{,}50 \times \frac{130}{360}} = \dfrac{100 \times 127.50 \times 360}{4{,}50 \times 130} = 7846^{f}\,15^{c}.$

Nota. – On considère l'année comme composée de 360 jours.

## Escompte commercial.

5. Les questions qui se rapportent à l'escompte commercial se résolvent également à l'aide de la formule :

$$I = \frac{a\,i\,t}{100}$$

dans laquelle $I$ représente l'escompte, $a$ le montant du billet, $i$ le taux de l'escompte et $t$ le temps (toujours exprimé en prenant l'année pour unité) qui reste à courir jusqu'à l'échéance du billet.

6. Exemple. Quelle retenue fera-t-on subir à un billet de 400 fr. payable dans 7 mois si on l'escompte à 5% ?

On a ici : $a = 400 \quad i = 5 \quad t = \frac{7}{12}$

donc $I = \dfrac{400 \times 5 \times \frac{7}{12}}{100} = \dfrac{400 \times 5 \times 7}{1200}$

Effectuant, on trouve $I = 11^{f}\,67^{c}$ à $0^{f}\,01^{c}$ près par excès.

## Partages proportionnels.

7. Soit proposé de partager un nombre $N$ en trois parties $x, y, z$ proportionnellement à des nombres donnés $a, b, c$, on aura.

$$x = \frac{N\,a}{a+b+c} \qquad y = \frac{N\,b}{a+b+c} \qquad z = \frac{N\,c}{a+b+c}$$

8. Exemple. Partager 78 en parties proportionnelles à $\frac{1}{2}, \frac{1}{3}, \frac{1}{4}$.

Soient $x, y, z$, les parties demandées, on a :

$$x = \frac{78 \times \frac{1}{2}}{\frac{1}{2}+\frac{1}{3}+\frac{1}{4}} \qquad y = \frac{78 \times \frac{1}{3}}{\frac{1}{2}+\frac{1}{3}+\frac{1}{4}} \qquad z = \frac{78 \times \frac{1}{4}}{\frac{1}{2}+\frac{1}{3}+\frac{1}{4}}$$

mais si l'on réduit les fractions $\frac{1}{2}, \frac{1}{3}, \frac{1}{4}$ au même dénominateur, elles valent respectivement $\frac{6}{12}$, $\frac{4}{12}$, $\frac{3}{12}$, et leur somme est $\frac{13}{12}$, on a donc :

$$x = \frac{78 \times 6}{13} = 36 \qquad y = \frac{78 \times 4}{13} = 24 \qquad z = \frac{78 \times 3}{13} = 18.$$

On voit que, lorsque $a$, $b$, $c$, sont des fractions, il faut les réduire au même dénominateur et partager N en parties proportionnelles aux numérateurs des fractions réduites.

## Mélanges et Alliages.

9. Le prix $x$ du litre de vin formé en mélangeant $n$, $n'$ $n''$.... litres de vin valant respectivement $a$, $a'$, $a''$.... le litre, est donné par la formule

$$x = \frac{na + n'a' + n''a''}{n + n' + n''}$$

10. Le rapport suivant lequel on doit mélanger des vins valant $a$ et $a'$ le litre pour former un mélange valant $\alpha$ le litre est, en supposant que l'on ait $a > \alpha > a'$,

$$\frac{x}{y} = \frac{\alpha - a'}{a - \alpha}$$

$x$ désigne le nombre de litres à $a^{f}$ le litre, et $y$ le nombre de litres à $a'^{f}$

11. Le titre $x$ d'un lingot provenant de l'alliage de plusieurs lingots dont les poids et les titres respectifs sont $p, t$ ; $p', t'$ ; $p'', t''$ .... est

$$x = \frac{pt + p't' + p''t''}{p + p' + p''}$$

12. Le rapport suivant lequel on doit allier deux lingots ayant pour titres $t$, $t'$ pour former un lingot ayant pour titre $\theta$ est en supposant $t > \theta > t'$

$$\frac{x}{y} = \frac{\theta - t'}{t - \theta}$$

$x$ se rapporte au lingot dont le titre est $t$, $y$ à celui dont le titre est $t'$.

Nota.- Si le poids du lingot que l'on veut former est déterminé, il faut donc le partager en parties proportionnelles aux nombres $\theta - t'$ et $t - \theta$. La même observation s'applique à la question de mélange correspondante (10).

---

# Algèbre.

# Algèbre.

## Multiplication.

13. Le carré de la somme de deux quantités est égal au carré de la première, plus le double produit de la première par la seconde, plus le carré de la seconde :

$$(a+b)^2 = a^2 + 2ab + b^2.$$

14. Le carré de la différence de deux quantités est égal au carré de la première, moins le double produit de la première par la seconde, plus le carré de la seconde :

$$(a-b)^2 = a^2 - 2ab + b^2.$$

15. Le cube de la somme de deux quantités est égal au cube de la première, plus le triple produit du carré de la première par la seconde, plus le triple produit du carré de la seconde par la première, plus le cube de la seconde :

$$(a+b)^3 = a^3 + 3a^2b + 3ab^2 + b^3.$$

16. Le cube de la différence de deux quantités est égal au cube de la première, moins le triple produit du carré de la première par la seconde, plus le triple produit de la première par le carré de la seconde, moins le cube de la seconde.

$$(a-b)^3 = a^3 - 3a^2b + 3ab^2 - b^3$$

17. Le produit de la somme de deux quantités par leur différence est égal à la différence des carrés de ces quantités :

$$(a+b)(a-b) = a^2 - b^2$$

## Division.

18. Une expression de la forme $x^m - a^m$ est toujours divisible par $x-a$.
Le quotient est $x^{m-1} + ax^{m-2} + a^2x^{m-3} + \ldots\ldots + a^{m-2}x + a^{m-1}$.
Exemple $\frac{x^6-1}{x-1} = x^5 + x^4 + x^3 + x^2 + x + 1$.

19. Une expression de la forme $x^m + a^m$ n'est jamais divisible par $x-a$.

20. Une expression de la forme $x^m - a^m$ est divisible par $x+a$ lorsque $m$ est pair
Le quotient est : $x^{m-1} - ax^{m-2} + a^2x^{m-3} \ldots\ldots\ldots + a^{m-2}x - a^{m-1}$
Exemple. $\frac{x^4-1}{x+1} = x^3 - x^2 + x - 1$.

21. Une expression de la forme $x^m + a^m$ est divisible par $x+a$ lorsque

$m$ est impair.

Le quotient est : $x^{m-1} - a x^{m-2} + a^2 x^{m-3} - \ldots\ldots - a^{m-2} x + a^{m-1}$

Exemple. $\dfrac{x^5+1}{x+1} = x^4 - x^3 + x^2 - x + 1$

## Équations du 1er degré.

**22.** Pour résoudre une équation du 1er degré à une inconnue, il faut :

1° Chasser les dénominateurs s'il y en a ;

2° Dans le cas où l'inconnue est engagée dans des parenthèses, effectuer les calculs nécessaires pour l'en faire sortir ;

3° Faire passer dans un membre tous les termes qui contiennent l'inconnue et dans l'autre les termes connus ;

4° Mettre le membre qui renferme l'inconnue sous la forme d'un produit ayant l'inconnue pour facteur ;

5° Diviser enfin le membre connu par le coëfficient de l'inconnue.

Exemple. Résoudre l'équation :

$$\frac{3(x+2)}{5} - 3 = \frac{x}{6} - \frac{2(x-1)}{3}$$

On a successivement :

(1°) $\quad 18(x+2) - 90 = 5x - 20(x-1)$

(2°) $\quad 18x + 36 - 90 = 5x - 20x + 20$

(3°) $\quad 18x - 5x + 20x = 20 - 36 + 90.$

(4°) $\quad 33x = 74$

(5°) $\quad x = \frac{74}{33}$

**23.** Pour résoudre un système de $n$ équations à $n$ inconnues, il faut :

Tirer de l'une des équations proposées la valeur de l'une des inconnues en fonction des autres, et mettre cette valeur à la place de l'inconnue dans chacune des $n-1$ autres équations, qui se trouvent alors contenir $n-1$ inconnues ;

Tirer de l'une de ces équations la valeur d'une inconnue en fonction des autres, et mettre cette valeur à la place de l'inconnue dans chacune des $n-2$ autres équations, qui se trouvent alors contenir $n-2$ inconnues ;

Continuer ainsi jusqu'à ce que l'on arrive à une équation à une inconnue,

Résoudre cette dernière ;

Remonter successivement aux valeurs de chacune des inconnues déterminées en fonction des autres, et y remplacer les quantités inconnues qu'elles renferment par leurs valeurs déjà trouvées.

Exemple. Trouver les valeurs de $x, y, z, u$, qui vérifient les équations :

$$3x - 3y + 4z - 2u = 1$$
$$3y - 2x - 3z + 3u = 7$$
$$5z - 2x - 3y + 5u = 27$$
$$5x + 2y - 2z + 4u = 19$$

De la première, on tire $x = \dfrac{1 + 3y - 4z + 2u}{3}$ (1)

Substituant dans les trois autres, elles deviennent :

$$3y - 2\left(\frac{1+3y-4z+2u}{3}\right) - 3z + 3u = 7$$
$$5z - 2\left(\frac{1+3y-4z+2u}{3}\right) - 3y + 5u = 27$$
$$5\left(\frac{1+3y-4z+2u}{3}\right) + 2y - 2z + 4u = 19$$

ou, tous calculs et réductions opérés :

$$3y - z + 5u = 23$$
$$23z - 15y + 11u = 83$$
$$21y - 26z + 22u = 52$$

De la première, on tire $z = 3y + 5u - 23$ (2)

Substituant dans les deux autres, elles deviennent :

$$23(3y + 5u - 23) - 15y + 11u = 83.$$
$$21y - 26(3y + 5u - 23) + 22u = 52$$

ou, tous calculs et réductions opérés :

$$3y - 7u = 34.$$
$$57y + 108u = 546$$

De la première, on tire $y = \dfrac{34 - 7u}{3}$ (3)

Substituant dans l'autre, elle devient :

$$57\left(\frac{34-7u}{3}\right) + 108u = 546$$

Résolvant, on trouve : $u = 4$.

Substituant successivement dans (3), (2), (1), on obtient :

$$y = 2, \quad z = 3, \quad x = 1.$$

Nota. – Si les équations proposées renferment des dénominateurs, il faut les chasser au préalable.

24. Il arrive quelquefois que les équations proposées permettent, eu égard aux conditions particulières dans lesquelles elles se trouvent, l'emploi de méthodes de résolution plus expéditives.

Exemple. Déterminer 4 nombres sachant que leurs sommes 3 à 3 sont 9, 10, 11 et 12.

Soient $x, y, z, u$ les nombres demandés, on a d'après l'énoncé :

$$x + y + z = 9$$
$$x + y + u = 10$$
$$x + z + u = 11$$
$$y + z + u = 12$$

Additionnant les quatre équations membre à membre, il vient :

$$3x + 3y + 3z + 3u = 42$$
$$\text{ou} \quad x + y + z + u = 14$$

Retranchant de cette dernière équation successivement chacune des premières, on trouve :

$$u = 5 \qquad z = 4 \qquad y = 3 \qquad x = 2$$

Cette méthode est applicable toutes les fois que l'on connaît les sommes $n-1$ à $n-1$ de $n$ quantités inconnues.

**25.** Les valeurs de $x$ et de $y$ qui vérifient le système

$$ax + by = c$$
$$a'x + b'y = c'$$

sont

$$x = \frac{cb' - bc'}{ab' - ba'}, \qquad y = \frac{ac' - ca'}{ab' - ba'}$$

## Équations du second degré.

**26.** Lorsque l'équation à résoudre est de la forme $x^2 + px + q = 0$, on a

$$x = -\frac{p}{2} \pm \sqrt{\frac{p^2}{4} - q}$$

Lorsqu'elle est de la forme $ax^2 + bx + c = 0$, on a

$$x = \frac{-b \pm \sqrt{b^2 - 4ac}}{2a} \qquad (\alpha)$$

ou encore si $b$ est pair et égal à $2b'$

$$x = \frac{-b' \pm \sqrt{b'^2 - ac}}{a}$$

La formule $(\alpha)$ doit toujours être employée lorsque le coefficient du terme en $x$ est impair, quand bien même l'équation est de la forme $x^2 + px + q = 0$ (alors $a = 1$)

Exemple. Résoudre $x^2 - 7x + 3 = 0$

on a

$$x = \frac{7 \pm \sqrt{49 - 12}}{2}$$

**27.** Si l'on appelle $x'$, $x''$ les racines d'une équation de second degré, on a, lorsque cette équation est de la forme $x^2 + px + q = 0$,

$$x' + x'' = -p \qquad x'x'' = q$$

C'est-à-dire que la somme des racines est égale au coefficient du terme en $x$ changé de signe, et que leur produit est égal au terme connu.

Lorsque l'équation est de la forme $ax^2+bx+c=0$, on a

$$x'+x''=-\frac{b}{a} \qquad x'x''=\frac{c}{a}$$

Equation bicarrée.

28. On appelle ainsi une équation de la forme

$$x^4+px^2+q=0 \quad \text{ou} \quad ax^4+bx^2+c=0$$

Les quatre racines sont données par la formule :

$$x=\pm\sqrt{-\frac{p}{2}\pm\sqrt{\frac{p^2}{4}-q}} \quad \text{ou} \quad x=\pm\sqrt{\frac{-b\pm\sqrt{b^2-4ac}}{2a}}$$

La somme des quatre racines d'une équation bicarrée est égale à zéro.

Leur produit $=q$ ou $\frac{c}{a}$ suivant la forme de l'équation

Equations irrationnelles.

29. Ce sont celles qui renferment des radicaux du second degré sous lesquels se trouve engagée l'inconnue.

S'il n'y a qu'un radical, il faut l'isoler et élever ensuite au carré pour le faire disparaître.

Exemple. Trouver un nombre qui surpasse de 6 sa racine carrée.

On a, en appelant $x$ le nombre demandé :

$$x=\sqrt{x}+6.$$

Isolant le radical, on a : $x-6=\sqrt{x}$

Elevant au carré ; $x^2-12x+36=x$

ou $x^2-13x+36=0$

$$\text{d'où} \quad x=\frac{13\pm\sqrt{169-4\times36}}{2}=\frac{13\pm5}{2}$$

Effectuant, il vient $x'=9$, $x''=4$

La valeur 9 est la seule qui convienne ; l'autre valeur 4 provient de ce que, en élevant au carré, on a résolu en même temps l'équation $x=-\sqrt{x}+6$. Il importe donc, dans la résolution des équations irrationnelles, de vérifier les résultats obtenus

S'il y a plus d'un radical, on opère ainsi qu'il suit :

Exemple. Résoudre $\sqrt{x}+\sqrt{20-x}=6$

Elevant au carré, on a : $x+20-x+2\sqrt{x(20-x)}=36$

ou $$\sqrt{x(20-x)}=8$$

Elevant encore au carré, il vient : $x(20-x)=8$, ou $x^2-20x+8=0$.

d'où $$x=10\pm\sqrt{100-64}=10\pm6$$

$$x'=16 \qquad x''=4$$

Ces deux valeurs vérifient l'équation proposée

Équations réductibles au second degré.

**30.** Résoudre l'équation $x^6 - 1 = 0$

On a d'abord $x^6 - 1 = (x^3-1)(x^3+1)$ (17)

Mais $\frac{x^3-1}{x-1} = x^2+x+1$, d'où $x^3-1 = (x-1)(x^2+x+1)$ (18)

et $\frac{x^3+1}{x+1} = x^2-x+1$, d'où $x^3+1 = (x+1)(x^2-x+1)$ (19)

L'équation proposée peut donc s'écrire :

$$(x-1)(x^2+x+1)(x+1)(x^2-x+1) = 0$$

Cette équation est évidemment vérifiée par.

$x-1=0$, d'où $x=1$

$x^2+x+1=0$, d'où $x = \frac{-1\pm\sqrt{1-4}}{2}$, valeurs imaginaires

$x+1=0$, d'où $x=-1$

$x^2-x+1=0$, d'où $x = \frac{1\pm\sqrt{1-4}}{2}$, valeurs imaginaires.

Les seules solutions réelles de l'équation sont donc 1 et -1.

Équations à deux inconnues.

**31.** Lorsque l'on a à résoudre un système d'équations de degré supérieur au premier, mais susceptible d'être résolues par le second degré, on peut simplement opérer par substitution.

Exemple. Trouver deux nombres connaissant leur différence 3 et la différence 117 de leurs cubes.

Soient $x$, $y$ les deux nombres demandés, on a

$$x - y = 3 \qquad x^3 - y^3 = 117$$

De la première de ces équations, on tire $x = 3+y$.

Substituant dans la seconde il vient $(3+y)^3 - y^3 = 117$,

ou $27 + 27y + 9y^2 + y^3 - y^3 = 117$

$$y^2 + 3y - 10 = 0$$

d'où $y = -\frac{3\pm\sqrt{9+40}}{2} = \frac{-3\pm7}{2}$

$$y' = 2 \qquad y'' = -5$$

Les valeurs correspondantes de $x$ sont donc

$$x' = 5 \qquad x'' = -2$$

Les nombres demandés sont 5 et 2. On peut remarquer que les quantités $-2, -5$, vérifient les équations du problème.

32. Au lieu d'opérer par substitution, il est bon dans certains cas d'employer des méthodes particulières, souvent plus expéditives.

33. Exemple 1. Trouver deux nombres connaissant leur somme 7 et leur produit 12.

Le système à résoudre serait ici $x + y = 7$, $xy = 12$ ; Mais si l'on remarque que dans une équation de la forme $x^2 + px + q = 0$, la somme des racines $= -p$ et leur produit $= q$, on en conclura facilement que les nombres demandés sont les racines de l'équation

$$x^2 - 7x + 12 = 0$$

et la traitant, on trouve 3 et 4 pour racines.

34. Exemple 2. Trouver deux nombres connaissant leur somme 11 et la somme 61 de leurs carrés.

On a immédiatement les deux équations :

$$x + y = 11 \qquad x^2 + y^2 = 61$$

Élevant la première au carré, et retranchant la seconde du résultat, on trouve

$$2xy = 60, \text{ d'où } xy = 30$$

Connaissant la somme et le produit des nombres demandés, on est ramené à la question précédente. (33)

35. Exemple 3. Résoudre les équations :

$$(1)\ x^2 - y^2 = 3, \qquad (2)\ x^2 + y^2 - xy = 3$$

On en tire $\quad x^2 - y^2 = x^2 + y^2 - xy$

ou $\quad 2y^2 - xy = 0$, ou encore $y(2y - x) = 0$.

Cette dernière équation est vérifiée par $y = 0$ et par $2y = x$ ou $y = \frac{x}{2}$.

$y = 0$ substitué dans l'équation (1) donne $x^2 = 3$, d'où $x = \pm\sqrt{3}$.

$y = \frac{x}{2}$ substitué dans la même équation donne $x^2 = 4$, d'où $x = \pm 2$, et par suite $y = \pm 1$.

Le système proposé est donc vérifié par les 4 solutions :

$$y = 0,\ x = +\sqrt{3};\quad y = 0,\ x = -\sqrt{3};\quad y = 1,\ x = 2;\quad y = -1,\ x = -2$$

36. Exemple 4. Résoudre les équations

$$3x^2 - 2y^2 = 19 \qquad 2x^2 + 5y^2 = 38.$$

Posant $x^2 = z$, $y^2 = u$, il vient :

$$3z - 2u = 19 \qquad 2z + 5u = 38$$

Résolvant ce système d'équations du 1er degré, on trouve :

$$z = 9 \qquad u = 4$$

Il en résulte $\qquad x^2 = 9 \qquad y^2 = 4$

d'où l'on tire enfin $\qquad x = \pm 3 \qquad y = \pm 2$

## Décomposition du Trinome.

**37.** Un trinome du second degré de la forme $x^2 + px + q$ est égal à $(x - x')(x - x'')$, $x'$ et $x''$ étant les racines de l'équation que l'on forme en égalant le trinome à zéro.

Si le trinome est de la forme $ax^2 + bx + c$, il est égal à $a(x - x')(x - x'')$.

Il faut donc, pour décomposer un trinome du second degré en facteurs du 1er degré en $x$, l'égaler à zéro et résoudre l'équation ainsi formée. Les racines étant les quantités $x'$, $x''$, on n'a plus qu'à former les facteurs dont le produit est égal au trinome.

**38.** Exemples : 1° Décomposer le trinome $x^2 - 7x + 10$

On pose $\qquad x^2 - 7x + 10 = 0$

d'où
$$x = \frac{7 \pm \sqrt{49 - 40}}{2} = \frac{7 \pm 3}{2}$$
$$x' = 5 \qquad x'' = 2$$

Donc : $\qquad x^2 - 7x + 10 = (x - 5)(x - 2)$

2° Décomposer le trinome $3x^2 - 5x - 2$

On pose $\qquad 3x^2 - 5x - 2 = 0$

d'où
$$x = \frac{5 \pm \sqrt{25 + 24}}{6} = \frac{5 \pm 7}{6}$$
$$x' = 2 \qquad x'' = -\frac{1}{3}$$

Donc : $\qquad 3x^2 - 5x - 2 = 3(x - 2)(x + \frac{1}{3})$

3° Décomposer le Trinome $-5x^2 + 6x - 1$.

On pose $\qquad -5x^2 + 6x - 1 = 0$

Changeant les signes, afin que le terme en $x^2$ soit positif, il vient :

$$5x^2 - 6x + 1 = 0$$

d'où
$$x = \frac{3 \pm \sqrt{9 - 5}}{5} = \frac{3 \pm 2}{5}$$
$$x' = 1 \quad , \quad x'' = \frac{1}{5}$$

Donc : $\qquad -5x^2 + 6x - 1 = -5(x - 1)(x - \frac{1}{5})$

4° Décomposer le trinome $9x^2 - 12x + 4$.

On pose $$9x^2 - 12x + 4 = 0$$

d'où $$x = \frac{6 \pm \sqrt{36-36}}{9} = \frac{6}{9} \text{ ou } \frac{2}{3}$$

$$x' = \frac{2}{3} \qquad x'' = \frac{2}{3}$$

Donc : $9x^2 - 12x + 4 = 9(x-\frac{2}{3})(x-\frac{2}{3}) = 9(x-\frac{2}{3})^2$.

**39.** Lorsque les racines de l'équation formée en égalant le trinome à zéro sont imaginaires, les facteurs du produit cherché sont eux-mêmes imaginaires. Au lieu alors d'opérer la décomposition qui ne serait d'aucune utilité, on met le trinome sous la forme d'une somme de deux carrés, ainsi qu'il est indiqué dans les exemples suivants :

**40.** Exemples. 1° Décomposer le trinome $x^2 - 5x + 10$.

Les racines de l'équation $x^2 - 5x + 10 = 0$ étant imaginaires, on complète le carré dont les deux premiers termes sont $x^2 - 5x$, et l'on écrit :

$$x^2 - 5x + 10 = x^2 - 5x + \frac{25}{4} + 10 - \frac{25}{4} = (x-\frac{5}{2})^2 + (10 - \frac{25}{4})$$

Ainsi $$x^2 - 5x + 10 = (x-\frac{5}{2})^2 + \frac{15}{4}$$

Ce qui peut s'écrire : $x^2 - 5x + 10 = (x-\frac{5}{2})^2 + (\sqrt{\frac{15}{4}})^2$

2° Décomposer le trinome $3x^2 + 7x + 10$

Les racines de l'équation $3x^2 + 7x + 10$ étant imaginaires, on écrira d'abord :

$$3x^2 + 7x + 10 = 3(x^2 + \frac{7}{3}x + \frac{10}{3})$$

Complétant ensuite le carré dont les deux premiers termes sont $x^2$ et $\frac{7}{3}x$,

on a $$3x^2 + 7x + 10 = 3(x^2 + \frac{7}{3}x + \frac{49}{36} + \frac{10}{3} - \frac{49}{36}) = 3\left[(x+\frac{7}{6})^2 + (\frac{10}{3} - \frac{49}{36})\right]$$

ou $$3x^2 + 7x + 10 = 3\left[(x+\frac{7}{6})^2 + \frac{71}{36}\right] = 3\left[(x+\frac{7}{6})^2 + (\sqrt{\frac{71}{36}})^2\right]$$

## Questions de maximum et de minimum.

**41.** Soit une expression algébrique, $ax^2 + bx + c$ par exemple, contenant une variable $x$ et des quantités déterminées $a, b, c$ ; en faisant varier $x$, l'expression prend successivement différentes valeurs ; si parmi ces valeurs il s'en trouve une plus grande que celles qui la précèdent ou la suivent immédiatement, c'est un maximum de l'expression ; s'il en est une plus petite que celles qui la précèdent ou la suivent immédiatement, c'est un minimum ; enfin si l'expression peut prendre tous les états de grandeur de $+\infty$ à $-\infty$, elle n'a ni maximum ni minimum.

**42.** Pour déterminer le maximum ou le minimum d'une expression renfermant une variable $x$, il faut égaler cette expression à une indéterminée $m$, et résoudre par rapport à $x$ l'équation ainsi formée. On cherche ensuite la condition de réalité des racines ; et de cette condition on déduit la quantité demandée, ainsi qu'il va être indiqué dans les exemples suivants.

**43.** Exemple 1. Déterminer la valeur de $x$, pour laquelle l'expression $3x^2-5x+4$ est maximum ou minimum.

On pose
$$3x^2-5x+4 = m$$
d'où
$$3x^2-5x+4-m=0$$
$$x=\frac{5\pm\sqrt{25-12(4-m)}}{6}=\frac{5\pm\sqrt{12m-23}}{6}$$
Pour que $x$ soit réel, il faut que l'on ait
$$12m-23 \geq 0, \quad \text{d'où} \quad m \geq \frac{23}{12}$$
Le minimum est donc $\frac{23}{12}$, et il n'y a pas de maximum.

Pour $m=\frac{23}{12}$, on a $x=\frac{5}{6}$, c'est donc pour la valeur $x=\frac{5}{6}$ que l'expression proposée devient minimum.

**44.** Exemple 2. Déterminer la valeur de $x$, pour laquelle l'expression $-2x^2+5x-3$ est maximum ou minimum.
$$-2x^2+5x-3 = m$$
$$2x^2-5x+3+m=0$$
$$x=\frac{5\pm\sqrt{25-8(3+m)}}{4}=\frac{5\pm\sqrt{1-8m}}{4}$$
Pour que $x$ soit réel, il faut que l'on ait
$$1-8m\geq 0 \quad \text{d'où} \quad m\leq\frac{1}{8}.$$
Le maximum est donc $\frac{1}{8}$, et il n'y a pas de minimum.

Pour $m=\frac{1}{8}$, il vient $x=\frac{5}{4}$, qui est la valeur demandée.

**45.** Exemple 3. Déterminer les valeurs de $x$ pour lesquelles l'expression $\frac{x^2+3x+5}{x^2+1}$ est maximum ou minimum.
$$\frac{x^2+3x+5}{x^2+1}=m.$$
$$x^2(1-m)+3x+5-m=0$$
$$x=-\frac{3\pm\sqrt{9-4(1-m)(5-m)}}{2(1-m)}=\frac{-3\pm\sqrt{-4m^2+24m-11}}{2(1-m)}$$
Pour que $x$ soit réel, il faut que l'on ait :
$$-4m^2+24m-11\geq 0 \qquad (1)$$
Décomposant le trinome $-4m^2+24m-11$ (37), il vient :

$$-4m^2+24m-11=-4\left(m-\frac{11}{2}\right)\left(m-\frac{1}{2}\right)$$

et la condition de réalité (1) peut s'écrire :

$$-4\left(m-\frac{11}{2}\right)\left(m-\frac{1}{2}\right)>0.$$

Cette condition ne peut être remplie qu'autant que les facteurs $m-\frac{11}{2}$, $m-\frac{1}{2}$, seront de signes contraires, ou que l'un des deux sera nul. Il en résulte que les seules valeurs que puisse prendre $m$ sont celles comprises entre $\frac{11}{2}$ et $\frac{1}{2}$, et de plus ces valeurs limitées $\frac{11}{2}$ et $\frac{1}{2}$. Le maximum de l'expression donnée est donc $\frac{11}{2}$ et le minimum est $\frac{1}{2}$.

Pour $m=\frac{11}{2}$, on trouve $x=\frac{1}{3}$, et pour $m=\frac{1}{2}$, $x=-3$.

$\frac{1}{3}$ et $-3$ sont par conséquent les valeurs demandées.

**46.** Exemple 4. Trouver les valeurs de $x$ pour lesquelles l'expression $\frac{x^2+4x-36}{2x-10}$ est maximum ou minimum.

$$\frac{x^2+4x-36}{2x-10}=m.$$

$$x^2+(4-2m)x-36+10m=0$$

$$x=m-2\pm\sqrt{(m-2)^2+36-10m}=m-2\pm\sqrt{m^2-14m+40}$$

Pour que $x$ soit réel, il faut que l'on ait :

$$m^2-14m+40\geqslant 0 \qquad (1)$$

Décomposant le trinome $m^2-14m+40$ (37), il vient

$$m^2-14m+40=(m-10)(m-4)$$

et la condition de réalité (1) peut s'écrire :

$$(m-10)(m-4)\geqslant 0.$$

Cette condition, pour être remplie, exige que les facteurs $m-10$, $m-4$, soient de même signe, ou que l'un d'eux soit nul. $m$ ne peut donc prendre que des valeurs supérieures à 10 ou inférieures à 4, et aussi les valeurs limites 10 et 4. Le maximum de l'expression donnée est donc 4 et le minimum est 10.

Pour $m=4$, on a $x=2$, et pour $m=10$, $x=8$.

2 et 8 sont donc les valeurs demandées.

**47.** Exemple 5. Trouver les valeurs de $x$ pour lesquelles l'expression $\frac{x^2-6x+8}{2x-8}$ est maximum ou minimum.

$$\frac{x^2-6x+8}{2x-8}=m.$$

$$x^2-(6+2m)\,x+8+8m=0$$

$$x=3+m\pm\sqrt{(3+m)^2-8-8m}=3+m\pm\sqrt{m^2-2m+1}$$

Pour que $x$ soit réel, il faut que l'on ait :

$$m^2-2m+1>0 \qquad (1)$$

Décomposant le trinome $m^2-2m+1$ (37), on trouve :

$$m^2-2m+1=(m-1)^2$$

La condition de réalité (1) peut donc s'écrire :

$$(m-1)^2 \geqslant 0.$$

Il est évident qu'elle est remplie pour toutes les valeurs possibles données à $m$, qui peut ainsi prendre tous les états de grandeur entre $+\infty$ et $-\infty$ : l'expression donnée n'a donc ni maximum ni minimum.

**48.** Exemple 6. Trouver les valeurs de $x$ pour lesquelles l'expression $\frac{x^2-x-4}{x-1}$ est maximum ou minimum.

$$\frac{x^2-x-4}{x-1}=m$$

$$x^2-(1+m)\,x-4+m=0$$

$$x=\frac{1+m\pm\sqrt{(1+m)^2-4(m-4)}}{2}=\frac{1+m\pm\sqrt{m^2-2m+17}}{2}$$

Pour que $x$ soit réel, il faut que l'on ait :

$$m^2-2m+17>0 \qquad (1)$$

Si l'on veut ici décomposer le trinome, on remarque que les racines de l'équation $m^2-2m+17=0$ sont imaginaires. On le mettra donc sous la forme indiquée plus haut (39)

$$m^2-2m+17=m^2-2m+1+17-1=(m-1)^2+16$$

La condition de réalité (1) peut donc s'écrire :

$$(m-1)^2+16 \geqslant 0$$

Cette condition est évidemment remplie quelle que soit la valeur de $m$, il n'y a donc encore dans ce cas ni maximum ni minimum.

**49.** Exemple 7. – Cas général. Trouver les valeurs de $x$ pour lesquelles l'expression $\frac{ax^2+bx+c}{a'x^2+b'x+c'}$ est maximum ou minimum.

$$\frac{ax^2+bx+c}{a'x^2+b'x+c'}=m$$

$$(a-ma')\,x^2+(b-mb')\,x+c-mc'=0.$$

$$x=\frac{-(b-mb')\pm\sqrt{(b-mb')^2-4(a-ma')(c-mc')}}{2(a-ma')}$$

Effectuant sous le radical, et ordonnant par rapport à $m$, il vient :

$$x = \frac{-(b-mb') \pm \sqrt{(b'^2-4a'c')m^2+(4ac'+4ca'-2bb')m+b^2-4ac}}{2(a-ma')}$$

Posant $b'^2-4a'c' = A$, $4ac'+4ca'-2bb' = B$, $b^2-4ac = C$, il vient :

$$x = \frac{-(b-mb') \pm \sqrt{Am^2+Bm+C}}{2(a-ma')}$$

Pour que $x$ soit réel, il faut que l'on ait :

$$Am^2+Bm+C \geqq 0 \qquad (1)$$

Si pour décomposer le trinome $Am^2+Bm+C$, on forme l'équation $Am^2+Bm+C=0$, il peut arriver que les racines de cette équation soient réelles et inégales, réelles et égales, ou imaginaires.

1° Les racines sont réelles et inégales. Soient $m'$, $m''$ ces racines, ($m' > m''$), on a alors $Am^2+Bm+C = A(m-m')(m-m'')$, et la condition (1) peut s'écrire :

$$A(m-m')(m-m'') \geqq 0 \qquad (1)$$

Si l'on a $A<0$, la condition n'est remplie que pour les valeurs de $m$ comprises entre $m'$ et $m''$ et de plus pour les valeurs $m'$, $m''$. $m'$, c'est-à-dire la plus grande des racines, est donc le maximum et $m''$ est le minimum (45, exemple 3).

Si l'on a $A>0$, la condition n'est remplie que pour les valeurs de $m$ supérieures à $m'$ ou inférieures à $m''$, et de plus pour les valeurs $m'$, $m''$. Ici donc $m''$, c'est à dire la plus petite des racines, est le maximum, et $m'$ est le minimum. (46, exemple 4)

2° Les racines sont réelles et égales. Soit $m'$ la valeur de ces racines, on a $Am^2+Bm+C = A(m-m')^2$, et la condition (1) devient

$$A(m-m')^2 \geqq 0$$

Avec $A>0$, cette condition est remplie, quelle que soit la valeur de $m$, il n'y a donc ni maximum ni minimum (47. Exemple 5).

L'hypothèse $A>0$ est d'ailleurs la seule que l'on puisse faire dans ce cas, en admettant que l'expression proposée soit réellement variable : En effet, si l'on avait $A<0$, $m$ ne pourrait prendre que la valeur unique $m'$, et par suite ne représenterait pas une expression variable.

3° Les racines sont imaginaires. On sait que dans ce cas (39) le trinome peut s'écrire $A[(m-m')^2+K^2]$, la condition (1) devient donc

$$A[(m-m')^2+K^2] > 0.$$

Avec $A > 0$, elle est toujours remplie, et il n'y a ni maximum ni minimum (48. Exemple 6).

A ne saurait être négatif dans ce cas, car, s'il en était autrement, la condition (1) ne serait jamais remplie, et il faudrait en conclure que la variable $x$ ne saurait avoir que des valeurs imaginaires, ce qui est absurde.

Il peut arriver que l'on ait $A=0$, alors la condition (1) devient :

$$Bm + c \geqq 0$$

On en tire, si $B$ est positif, $m \geqq -\frac{c}{B}$, et il y a alors un minimum $-\frac{c}{B}$, et pas de maximum (43. Exemple 1).

Si $B$ est négatif, on a $m \leqq -\frac{c}{B}$ et il y a alors un maximum $-\frac{c}{B}$, et pas de minimum (44. Exemple 2).

**50.** Exemple 8. Partager un nombre $a$ en deux parties, dont le produit soit maximum.

Soit $x$ l'une des parties, $a-x$ sera l'autre, et l'on devra avoir :

$$x(a-x) = m$$
$$x^2 - ax + m = 0$$
$$x = \frac{a \pm \sqrt{a^2-4m}}{2}$$

Pour que $x$ soit réel, il faut que l'on ait :

$$a^2 - 4m \geqq 0 \text{ d'où } m \leqq \frac{a^2}{4}$$

Le maximum est donc $\frac{a^2}{4}$. Pour cette valeur $x = \frac{a}{2}$, il faut donc partager le nombre donné en deux parties égales.

Nota. – De ce qui précède, on déduit :

1° Que pour partager un nombre en $n$ parties dont le produit soit maximum, il faut le diviser en $n$ parties égales ;

2° Que, pour partager un nombre en parties $x, y, z$... telles que le produit $x^m y^n z^p$... soit maximum, il faut le diviser en parties proportionnelles aux exposants $m, n, p$, c'est-à-dire telles que l'on ait $\frac{x}{m} = \frac{y}{n} = \frac{z}{p}$ ....

**51.** Exemple 9. Décomposer un nombre $a$ en deux facteurs dont la somme soit minimum.

Soit $x$ l'un des facteurs, l'autre sera $\frac{a}{x}$, et l'on posera :

$$x + \frac{a}{x} = m$$

$$x^2 - mx + a = 0$$

$$x = \frac{m \pm \sqrt{m^2 - 4a}}{2}$$

Pour que $x$ soit réel, il faut que l'on ait :

$$m^2 - 4a \geqq 0, \text{ d'où } m \geqq 2\sqrt{a}$$

Le minimum est donc $2\sqrt{a}$. Pour cette valeur, $x = \sqrt{a}$ : il faut donc prendre pour chaque facteur la racine carrée du nombre donné.

**52.** Exemple 10. Partager 20 en deux parties telles que 3 fois le carré de la première plus 2 fois le carré de la seconde soit minimum.

Soit $x$ l'une des parties, l'autre sera $20 - x$, et l'on devra avoir :

$$3x^2 + 2(20 - x)^2 = m$$

$$5x^2 + 80x + 800 - m = 0$$

$$x = \frac{40 \pm \sqrt{40^2 - 5(800 - m)}}{5} = \frac{40 \pm \sqrt{2400 + 5m}}{5}$$

Pour que $x$ soit réel, il faut que l'on ait :

$$-2400 + 5m \geqq 0, \text{ d'où } m \geqq \frac{2400}{5} \text{ ou } 480.$$

Le minimum est donc 480. Pour cette valeur, on a $x = \frac{40}{5} = 8$, et par suite la seconde partie $= 12$.

**53.** Exemple 11. Partager 52 en deux parties telles que 3 fois la racine carrée de la première, plus 2 fois la racine carrée de la seconde soit maximum.

Soit $x^2$ la première partie, l'autre sera $52 - x^2$, et l'on posera :

$$3x + 2\sqrt{52 - x^2} = m$$

$$2\sqrt{52 - x^2} = m - 3x$$

$$4(52 - x^2) = (m - 3x)^2$$

$$13x^2 - 6mx + m^2 - 208 = 0$$

$$x = \frac{3m \pm \sqrt{9m^2 - 13(m^2 - 208)}}{13} = \frac{3m \pm \sqrt{-4m^2 + 2704}}{13}$$

Pour que $x$ soit réel, il faut que l'on ait :

$$-4m^2 + 2704 \geqq 0, \text{ d'où } m \leqq \sqrt{\frac{2704}{4}} \text{ ou } 26$$

Le maximum est donc 36. Pour cette valeur on a $x = 6$ et $x^2 = 36$; les deux parties demandées sont par suite 36 et 16.

**54.** Exemple 12. La somme des surfaces latérales de deux cylindres ayant pour hauteurs $h, h'$, est égale à la surface d'une sphère de rayon $a$; trouver les valeurs des rayons des bases pour lesquelles la somme des volumes des cylindres est minimum.

Soient $x, y$, les rayons demandés, on a d'après l'énoncé :

$$2\pi xh + 2\pi yh' = 4\pi a^2$$

ou

$$xh + yh' = 2a^2 \qquad (1)$$

De plus, il faut que la somme $\pi x^2 h + \pi y^2 h'$, ou simplement $x^2h + y^2h$ (puisque le facteur $\pi$ est une quantité déterminée) soit minimum; on posera donc :

$$x^2 h + y^2 h' = m^3 \qquad (2)$$

De l'équation (1) on tire $y = \frac{2a^2 - xh}{h'}$

Substituant dans l'équation (2), il vient :

$$x^2 h + \left(\frac{2a^2 - xh}{h'}\right)^2 h' = m^3$$

$$(hh' + h^2)x^2 - 4a^2hx + 4a^2 - h'm^3 = 0$$

$$x = \frac{2a^2h \pm \sqrt{4a^4h^2 - (hh'+h^2)(4a^4 - h'm^3)}}{hh'+h^2} = \frac{2a^2h \pm \sqrt{hh'(h+h')m^3 - 4a^4hh'}}{hh'+h^2}$$

Pour que $x$ soit réel, il faut que l'on ait :

$$hh'(h+h')m^3 - 4a^4hh' = 0$$

d'où

$$m^3 = \frac{4a^4}{h+h'}$$

Le minimum est donc $\frac{4a^4}{h+h'}$

Pour cette valeur, on a $x = \frac{2a^2}{h+h'}$, et substituant dans la valeur de $y$, on trouve également $y = \frac{2a^2}{h+h'}$

**55.** Exemple 13. De tous les rectangles de même périmètre, quel est celui qui a la plus petite diagonale ?

Soient $2p$ le périmètre donné, $x, y$ les dimensions du rectangle demandé et $m$ sa diagonale, on a :

$$x + y = p \qquad\qquad x^2 + y^2 = m^2$$

Eliminant $y$ entre ces deux équations, il vient :

$$2x^2 - 2px + p^2 - m^2 = 0.$$

$$x = \frac{p \pm \sqrt{p^2 - 2p^2 + 2m^2}}{2} = \frac{p \pm \sqrt{2m^2 - p^2}}{2}$$

Pour que $x$ soit réel, il faut que l'on ait :

$$2m^2 - p^2 \geqq 0, \text{ d'où } m^2 \geqq \frac{p^2}{2} \text{ et } \geqq \frac{p\sqrt{2}}{2}$$

La diagonale minimum est donc égale à $\frac{p\sqrt{2}}{2}$. Pour cette valeur $x = \frac{p}{2}$ et par suite $y = \frac{p}{2}$ : le rectangle demandé est donc un carré.

**56.** Exemple 14. Inscrire dans un triangle un rectangle de surface maximum.

Supposons le problème résolu, et soit (fig. 1) DGHK le rectangle demandé. On doit avoir en appelant $x$ sa base et $y$ sa hauteur :

$$xy = m^2 \qquad (1)$$

On a de plus à cause des triangles semblables ABC, AKH, et en désignant par $b$ et $h$ la base et la hauteur du triangle,

$$\frac{x}{b} = \frac{h-y}{h} \qquad (2)$$

De l'équation (2) on tire $x = \frac{b(h-y)}{h}$

Substituant dans l'équation (1), il vient :

$$\frac{b(h-y)y}{h} = m^3$$

$$by^2 - bhy + hm^2 = 0$$

$$y = \frac{bh \pm \sqrt{b^2h^2 - 4bhm^2}}{2b}$$

Pour que $y$ soit réel, il faut que l'on ait :

$$b^2h^2 - 4bhm^2 \geqq 0, \text{ d'où } m^2 \leqq \frac{bh}{4}$$

La surface maximum est donc $\frac{bh}{4}$. Pour cette valeur on trouve $y = \frac{h}{2}$ et ensuite $x = \frac{b}{2}$. Le rectangle demandé est donc celui dont les dimensions sont la moitié de celles du triangle donné.

## Progressions arithmétiques.

**57.** Les formules qui servent à la résolution des questions relatives aux progressions arithmétiques sont :

$$l = a + (n-1)r \qquad S = \frac{(a+l)n}{2}$$

Dans ces formules, $a$ représente le premier terme de la progression, $l$ le $n^{ième}$, $r$ la raison, $n$ le nombre des termes et $S$ leur somme.

**58.** La somme des $n$ premiers nombres entiers $= \frac{n(n+1)}{2}$

La somme des $n$ premiers nombres impairs $= n^2$.

## Progressions géométriques.

59. Les formules relatives aux progressions géométriques sont :

$$l = aq^{n-1} \qquad S = \frac{lq - a}{q - 1} \quad \text{ou} \quad S = \frac{a(q^n - 1)}{q - 1}$$

Dans ces formules, $a$ représente le premier terme de la progression, $l$ le $n^{ième}$, $q$ la raison, $n$ le nombre des termes et $S$ leur somme.

60. Lorsque la progression est décroissante et composée d'un nombre infini de termes, on a pour leur somme :

$$S = \frac{a}{1-q}$$

Cette formule peut servir à trouver la génératrice d'une fraction décimale périodique.

Exemple 1. – Trouver la génératrice de 0,747474....

Remarquant que chaque période est égale à la précédente multipliée par 0,01, on en conclut que la fraction est la somme des termes d'une progression géométrique décroissante composée d'un nombre infini de termes, ayant 0,74 pour premier terme et 0,01 pour raison.

Appliquant donc la formule précédente, il vient :

$$S = \frac{0.74}{1-0{,}01} = \frac{0.74}{0{,}99} = \frac{74}{99}$$

Exemple 2. Trouver la génératrice de 0.674747474....

Soit $f$ la génératrice demandée, on a

$$10\,f = 6.747474\ldots$$

Mais on vient de voir que la partie décimale 0.747474... = $\frac{74}{99}$

donc

$$10\,f = 6 + \frac{74}{99} = \frac{6\,(100-1) + 74}{99} = \frac{674 - 6}{99}$$

et enfin

$$f = \frac{674 - 6}{990}$$

## Logarithmes.

61. Usage des tables de Callet. Problème 1. Étant donné un nombre trouver son logarithme.

La caractéristique, c'est-à-dire la partie entière du logarithme d'un nombre se détermine a priori : si le nombre est plus grand que un, elle est égale au nombre des chiffres de la partie entière moins un, si le nombre est plus petit que un, elle est négative et égale en valeur absolue au nombre qui marque le rang du premier chiffre significatif à gauche.

La partie décimale d'un logarithme se détermine à l'aide des tables.

Pour la trouver, on commence par faire abstraction de la virgule dans le nombre proposé ; il peut alors se présenter trois cas : ou le nombre est plus petit que 1200, ou il est compris entre 1200 et 108.000, ou il est plus grand que 108.000

1° Le nombre, abstraction faite de la virgule, est moindre que 1.200.

Exemple. Chercher le logarithme de 56,9. On cherche 569 dans l'une des colonnes N de la première Chiliade ; à droite on lit le nombre 7551227 ; et l'on a :

$$\log. 56,9 = 1,7551227$$

Remarque. On peut, lorsque les tables donnent 8 décimales, n'en conserver que 7, en ayant soin de forcer la 7e lorsque la 8e est supérieure à 5. Ainsi on peut écrire : $\log. 56,9 = 1,7551123$

2° Le nombre, abstraction faite de la virgule, est compris entre 1200 et 108.000

Ex. 1. Chercher le logarithme de 7,452. — On cherche 7452 dans l'une des colonnes N de la table qui suit la 1re chiliade. Vis-à-vis, dans la colonne 0 on trouve 2728, et plus haut, dans la marge 872. On a alors :

$$\text{Log. } 7,452 = 0,8722728$$

Ex. 2. Chercher le logarithme de 614,27. — On cherche 6142 dans une colonne N, et l'on suit la ligne horizontale à laquelle appartient ce nombre jusqu'à ce que l'on rencontre la colonne 7. On y trouve 3593, et l'on voit dans la marge de la colonne 0, au-dessus de la ligne horizontale que l'on a suivie le nombre 788. On a alors :

$$\log. 614,27 = 2,7883593.$$

3° Le nombre, abstraction faite de la virgule, est supérieur à 108.000

Ex. 1. Chercher le logarithme de 4267791,276. On considère d'abord sur la gauche du nombre les chiffres dont l'ensemble forme le plus grand nombre possible inférieur à 108 000, c'est-à-dire 42677, et l'on cherche, comme dans l'exemple précédent, la partie décimale du log. de ce nombre. On trouve ainsi 6301939.

Pour tenir compte des autres chiffres 9,1,2.... du nombre proposé, on cherche dans la colonne diff. le nombre qui exprime la différence entre le log. auquel on s'est arrêté et le suivant, c'est-à-dire 102, et, lisant à droite, dans la petite table qui accompagne ce nombre, les chiffres 9, 1, 2, on écrit les nombres 92, 10, 20, que l'on trouve à leur gauche, le premier sous les derniers chiffres de droite de 6301939, les autres en reculant d'un chiffre vers la droite. On additionne enfin le tout, et l'on ne conserve que 7 décimales, en ayant soin de forcer la 7e si la 8e est supérieure à 5.

Type du calcul. Pour 42677 ...... 6301939
9 ...... 92
1 ...... 10
2 ...... 20

Log. 4267791,276 = 6,6302032

Remarque. Il suffit de tenir compte de 3 chiffres à la suite du premier groupe considéré. Les autres peuvent être négligés.

Ex. 2. Chercher le log. du nombre 45,76846.

Pour 45768 ...... 6605619
4 ...... 38
6 ...... 57

Log. 45,76846 = 1,6605653

Ex. 3. Chercher le log. du nombre 0,00468392748.

Pour 46839 ...... 6706076
2 ...... 19
7 ...... 65
4 ...... 37

Log. 0,00468392748 = $\overline{3}$,6706102

Problème 2. Étant donné un logarithme, trouver le nombre correspondant.

On laisse d'abord de côté la caractéristique, dont on ne fait usage que pour placer convenablement la virgule une fois qu'on a obtenu les chiffres dont se compose le nombre demandé.

Ceci posé, deux cas peuvent se présenter :

1° Le log. donné est dans la table. Ex. Log $x$ = 3.5452329, trouver $x$.

On cherche dans la marge de la colonne 0 le nombre 545, formé par les trois premiers chiffres décimaux du Log. donné, et parmi tous les nombres de 4 chiffres des colonnes 0, 1, 2, 3, .... 9 qui se rapportent à 545, le nombre 2329. On le rencontre dans la colonne 4, vis-à-vis le nombre 3509 de la colonne N. Les chiffres du nombre demandé sont alors 35094, et, comme la caractéristique est 3, on a :

$$x = 3509,\ 4.$$

2° Le log. donné ne se trouve pas dans les tables. Ex. 1. Log. $x = 2,7520756$, trouver $x$.

On cherche comme ci-dessus 752 dans la colonne 0, et parmi les nombres de 4 chiffres qui s'y rapportent celui qui s'approche le plus en moins de 0756. C'est 0715, qui appartient à la colonne 3 et est placé vis à vis 5650 de la colonne N. Les premiers chiffres du nombre demandé sont :

$$56503 \qquad (1)$$

On fait ensuite la différence entre 0756 et 0715 ; elle est 41 ; l'on cherche alors dans la colonne de droite de la petite table (colonne diff.) qui porte en tête le nombre 77 (différence entre le log. auquel on s'est arrêté et le suivant) le nombre qui s'approche le plus en moins de 41. Ce nombre est 39 et correspond à 5, on écrit 5 à la suite des chiffres déjà trouvés (1). Retranchant ensuite 39 de 41, on a 2 pour reste, on multiplie par 10, ce qui donne 20, et l'on cherche encore dans la petite table le nombre qui s'approche le plus en moins de 20, c'est 19, qui correspond à 2. On écrit 2 à la suite des 6 chiffres déjà trouvés, ce qui donne 5650352, et comme la caractéristique est 2, on a $x = 565,0352$.

Type de calcul. Log $x = 2,7520756$, trouver $x$.

```
    0715 ............ 56503
    ----
      41
      39 ........         5
    ----
      20
      19 ...........      2
                  ---------
          x =     565,0352
```

Ex. 2. Log $x$ $\bar{3},6574121$, trouver $x$.

```
    4096 ........ 45437
    ----
      25
      19 .......      2
    ----
      60
      58 .......      6
                  ------------
          x =   0,004543726
```

Remarque 1. Il faut s'arrêter après avoir obtenu 2 chiffres avec la petite table.

Remarque 2. Si le nombre trouvé n'a pas assez de chiffres pour qu'on puisse placer la virgule, on y supplée au moyen de zéros.

Ex. $\log x = 8.7159276$, trouver $x$.

| | | |
|---|---|---|
| 9198 | .......... | 51990 |
| 78 | | |
| 76 | .......... | 9 |
| 20 | | |
| 17 | .......... | 2 |
| $x =$ | | 519909200 |

## 62. Calcul logarithmique. Principes fondamentaux.

Le log. du produit de deux ou plusieurs facteurs est égal à la somme des logarithmes des facteurs.

Le log. du quotient de deux nombres est égal au log du dividende moins le log. du diviseur.

Le log. d'une puissance d'un nombre est égal au log. de ce nombre multiplié par l'exposant de la puissance.

Le log. d'une racine d'un nombre est égal au log de ce nombre divisé par l'indice de la racine.

Exemples de calcul logarithmique. Exemple 1. Calculer :

$$x = \frac{428,567 \times 0,256 \times 0,0617492}{65,245 \times 0,00748 \times 0,172}.$$

on a : $\log x = \log 428,567 + \log 0,256 + \log 0,0617492 - \log 65,245 - \log 0,00748 - \log 0,172$

| | | | |
|---|---|---|---|
| $\log 428,567 = 2,6320187$ | | $\log 65,245 = 1,8145472$ | |
| $\log 0,256 = \bar{1},4082400$ | | $\log 0,00748 = \bar{3},8739016$ | |
| $\log 0,0617492 = \bar{2},7906313$ | | $\log 0,172 = \bar{1},2355284$ | |
| $0,8308900$ | | $\bar{2},9239772$ | |
| $\bar{2},9239772$ | | | |

$\log x = 1,9069128 \qquad x = 80,703$

On peut arriver au résultat au moyen d'une seule addition ; en effet

$- \log 65,245 = -1,8145472 = -1 - 0,8145472 + 1 - 1 = \bar{2} + (1 - 0,8145472) = \bar{2},1854528$

$- \log 0,00748 = -(\bar{3},8739016) = 3 - 0,8739016 + 1 - 1 = 2 + (1 - 0,8739016) = 2,1260984$

$- \log 0,172 = -(\bar{1},2355284) = 1 - 0,2355284 + 1 - 1 = 0 + (1 - 0,2355284) = 0,7644716$

Au lieu de disposer le calcul comme on l'a fait plus haut, on formera le tableau suivant :

$$
\begin{aligned}
\log\ 428,567 &= 2,6320187 \\
\log\ 0,256 &= \bar{1},4082400 \\
\log\ 0,0617492 &= \bar{2},7906313 \\
-\log\ 65,245 &= \bar{2},1854528 \quad (\log 65,245 = 1,8145472) \\
-\log\ 0,00748 &= 2,1260984 \quad (\log 0,0748 = \bar{3},8739016) \\
-\log\ 0,172 &= 0,7644716 \quad (\log 0,172 = \bar{1},2355284) \\
\log x &= 1,9069128 \\
x &= 80,703.
\end{aligned}
$$

C'est toujours en suivant cette marche qu'il faut calculer.

La règle pratique pour prendre un log avec le signe − est celle-ci :

Ajouter à la caractéristique une unité positive et changer de signe le résultat, retrancher chaque chiffre de la partie décimale de 9, sauf le dernier chiffre significatif à droite, que l'on retranche de 10.

Exemple 2. Calculer $x = \sqrt[11]{(0,0419)^5}$

On a $\log x = \dfrac{5 \log 0,0419}{11}$

$\log. 0,0419 = \bar{2},6222140$

$5 \log 0,0419 = \bar{7},1110700$

$$\log x = \frac{\bar{7},1110700}{11} = \frac{\overline{11} + 4,1110700}{11} = \bar{1},3737336$$

$$x = 0,2364468.$$

On voit que, pour faire une division dont le dividende est un logarithme à caractéristique négative, il faut ajouter à cette caractéristique le plus petit nombre d'unités négatives nécessaire pour la rendre exactement divisible par le diviseur, et ajouter ce même nombre d'unités positives à la partie décimale pour faire compensation.

Exemple 3. Résoudre l'équation $(0,06971)^x = 0,00856$.

On a $x \log 0,06971 = \log 0,00856$

$$x = \frac{\log. 0,00856}{\log\ 0,06971} = \frac{\bar{3},9324738}{\bar{2},8432951}$$

Mais $\bar{3},9324738 = -3 + 0,9324738 = -2,0675262$

$\bar{2},8432951 = -2 + 0,8432951 = -1,1567049.$

Donc $x = \dfrac{-2,0675262}{-1,1567049} = \dfrac{2,0675262}{1,1567049}$

On n'a plus qu'à faire la division, ou qu'à opérer par log. en posant :

$$\log x = \log. 2,0675262 - \log. 1,1567049.$$

Il faut donc, si l'on a à diviser l'un par l'autre deux log à caractéristiques négatives ; les amener à être entièrement négatifs, et faire ensuite abstraction des signes −.

## Intérêts composés.

**63.** La formule relative aux intérêts composés est :

$$A = a\,(1+r)^n \qquad (1)$$

dans laquelle $a$ représente le capital placé, $r$ l'intérêt de 1f en un an, $n$ le temps et $A$ ce que devient le capital au bout du temps $n$.

Traduisant en logarithmes, on a

$$\log A = \log a + n \log(1+r)$$

d'où l'on tire :

$$\log a = \log A - n \log(1+r)$$

$$\log(1+r) = \frac{\log A - \log a}{n}$$

$$n = \frac{\log A - \log a}{\log(1+r)}$$

**64.** Lorsque le temps se compose d'un certain nombre d'années et d'une fraction d'année, on emploie encore la formule (1) dans laquelle $n$ est alors fractionnaire, mais il est préférable de se servir de la suivante :

$$A = a\,(1+r)^n\,(1+mr) \qquad (2)$$

dans laquelle $n$ représente le nombre entier d'années et $m$ la fraction qui l'accompagne.

Lorsque le temps est inconnu, la formule (2) donne

$$\log A = \log a + n \log(1+r) + \log(1+mr)$$

d'où

$$\frac{\log A - \log a}{\log(1+r)} = n + \frac{\log(1+mr)}{\log(1+r)}$$

En effectuant la division indiquée dans le 1er membre, on a pour quotient $n$ (car $\frac{\log(1+mr)}{\log(1+r)}$ est une fraction proprement dite) et pour reste $\log(1+mr)$, d'où l'on déduira facilement la valeur de $m$.

Exemple. Combien de temps un capital doit-il rester placé à intérêts composés à 5% pour se doubler ?

Ici $A = 2a$, $r = 0{,}05$, la formule (2) devient donc :

$$2a = a\,(1.05)^n\,(1+m\times 0{,}05)$$

ou

$$2 = 1.05^n\,(1+m\times 0{,}05)$$

$$\log 2 = n \log 1{,}05 + \log(1+m\times 0{,}05)$$

$$\frac{\log 2}{\log 1.05} = n + \frac{\log(1+m\times 0{,}05)}{\log 1{,}05}$$

$\log 2 = 0,3010300.\quad \log 1,05 = 0,0211893.$

$$\begin{array}{r|l} 0,3010300 & 0,0211893 \\ 891370 & \overline{14} \\ 0,0043798 & \end{array}$$

$$n = 14.\quad \log(1 + m \times 0,05) = 0,0043798$$
$$1 + m \times 0,05 = 1,0101339$$
$$m \times 0,05 = 0,0101359$$
$$m = \frac{0,0101359}{0,05} = 0,2027.$$

Réduisant en jours en multipliant par 360, on trouve 73 jours. Ainsi le temps demandé est 14 ans 73 jours.

## Annuités.

**65.** Les questions d'annuités se traitent au moyen de la formule :

$$a = \frac{Ar(1+r)^n}{(1+r)^n - 1} \qquad (1)$$

dans laquelle $a$ représente l'annuité, A la dette à éteindre, $n$ le nombre d'annuités et $r$ le taux de l'intérêt pour 1 franc.

On en tire : $$A = \frac{a[(1+r)^n - 1]}{r(1+r)^n} \qquad (2)$$

et aussi $$(1+r)^n = \frac{a}{a - Ar} \qquad (3)$$

Traduisant en logarithmes les formules (1), (2), (3), on trouve :

$$\log a = \log A + \log r + n\log(1+r) - \log[(1+r)^n - 1]$$
$$\log A = \log a + \log[(1+r)^n - 1] - \log r - n\log(1+r)$$
$$n = \frac{\log a - \log(a - Ar)}{\log(1+r)}$$

Ces relations permettent de calculer $a$, A ou $n$ lorsque les autres éléments de la question sont donnés.

Il est à remarquer que, dans chaque cas on a à opérer à part le calcul d'une quantité à laquelle le calcul logarithmique ne peut immédiatement s'appliquer. Cette quantité est dans les deux premiers cas $(1+r)^n - 1$, et dans le troisième $a - Ar$.

Exemple. On doit payer 2.000 fr chaque année pendant 12 ans ; quelle somme faudrait-il payer dans 11 ans pour remplacer ces annuités, le taux étant 5 %

Ici $a = 2000,\quad r = 0,05,\quad n = 12$

La somme A que les 12 annuités sont destinées à rembourser est donc

$$A = \frac{2000(1,05^{12} - 1)}{0,05 \times 1,05^{12}}$$

Elle vaudra dans 4 ans : $\frac{2000\,(1,05^{12}-1)}{0,05\times 1,05^{12}}\times 1,05^4$

On aura donc, en divisant haut et bas par $1,05^4$, et appelant $x$ la somme demandée :

$$x=\frac{2000\,(1,05^{12}-1)}{0,05\times 1,05^8}$$

$$\text{Log } x = \log 2000 + \log (1,05^{12}-1) - \log 0,05 - 8 \log 1,05$$

Calcul de $1,05^{12}-1$ . $\text{Log } 1,05 = 0,0211893$

$$12 \log 1,05 = 0,2542716$$
$$1,05^{12} = 1,795856$$
$$1,05^{12}-1 = 0,795856$$

Donc $\log x = \log 2.000 + \log 0,795856 - \log 0,05 - 8 \log .1,05$

$$\text{Log } 2000 = 3,3010300$$
$$\text{Log } 0,795856 = \bar{1},9008345$$
$$-\text{Log } 0,05 = 1,3010300 \quad (\log 0,05 = \bar{2},6989700)$$
$$-8\text{Log}.1,05 = \bar{1},8304856 \quad (8 \log 1,05 = 0,1695144)$$
$$\text{Log } x = 4,3333801$$
$$x = 21546^{f}66^{c}$$

**66.** Pour calculer la somme formée par $n$ placements annuels successifs égaux chacun à $a$, à intérêts composés et au taux de $r$ pour un franc, on se sert de la formule :

$$x = \frac{a\,(1+r)\,[(1+r)^n-1]}{r}$$

qui n'est autre chose qu'une application de la formule $S=\frac{a(q^n-1)}{q-1}$ (59).

---

# Géométrie.

---

**67.** Les questions de géométrie peuvent être classées en deux catégories :

1° Les problèmes d'application, dans lesquels on n'a le plus souvent qu'à faire immédiatement usage des formules ou relations du cours ;

2° Les problèmes de géométrie pure, dans lesquels on demande de tracer une figure satisfaisant à certaines conditions, ou d'établir quelques propriétés particulières d'une figure donnée.

Le calcul joue ordinairement le plus grand rôle dans les problèmes de la première espèce, et il est indispensable pour pouvoir les résoudre de bien posséder les formules et relations de la géométrie élémentaire. Nous allons en donner le tableau, que nous ferons suivre de quelques exemples.

Quant aux problèmes de géométrie pure, nous n'avons pas à établir de règles déterminées pour leur résolution. Nous nous contenterons d'exposer comme exemple la solution raisonnée de quelques-uns de ceux qui ont été proposés aux examens du baccalauréat.

Principales relations et formules de la Géométrie élémentaire.

Géométrie plane.

68. Le carré de l'hypoténuse $a$ d'un triangle rectangle est égal à la somme des carrés des deux côtés $b$ et $c$ de l'angle droit ....... $a^2 = b^2 + c^2$

69. Le carré du côté $a$ d'un triangle opposé à un angle aigu est égal à la somme des carrés des deux autres côtés, $b, c$, moins le double produit de l'un de ces côtés $b$ par la projection $c'$ de l'autre sur lui .... $a^2 = b^2 + c^2 - 2bc'$

70. Le carré du côté $a$ d'un triangle opposé à un angle obtus est égal à la somme des carrés des deux autres côtés $b, c$, plus le double produit de l'un de ces côtés $b$ par la projection $c'$ de l'autre sur lui ... $a^2 = b^2 + c^2 + 2bc'$

71. Si du sommet de l'angle droit d'un triangle rectangle, on abaisse une perpendiculaire sur l'hypoténuse ...
1° Chaque côté bout de l'angle droit est une moyenne proportionnelle entre l'hypoténuse entière et le segment adjacent $b'$ ou $c'$ .. $b^2 = ab'$. $c^2 = ac'$
2° La perpendiculaire $h$ est moyenne proportionnelle entre les 2 segments $b', c'$ de l'hypoténuse $h^2 = b'c'$

72. La bissectrice de l'angle A d'un triangle partage le côté opposé $a$ en deux segments $\beta$ $\gamma$, proportionnels aux côtés adjacents, $b, c$ .... $\beta + \gamma = a$, $\frac{\beta}{\gamma} = \frac{b}{c}$

73. Deux cordes d'un même cercle se coupent en parties réciproquement proportionnelles.

74. Deux sécantes au même cercle issues d'un même point sont réciproquement proportionnelles à leurs parties extérieures.

75. Lorsqu'une tangente et une sécante au même cercle partent d'un même point, la tangente est moyenne proportionnelle entre la sécante entière et sa partie extérieure

76. Côté du carré inscrit dans un cercle de rayon $R$ | $R\sqrt{2}$

77. d° de l'hexagone régulier ......... | $R$

| | |
|---|---|
| 78. Côté du triangle équilatéral . . . . . . . . . . . | $R\sqrt{3}$ |
| 79. d° du décagone régulier . . . . . . . . . | $\frac{R}{2}(\sqrt{5}-1)$ |
| 80. d° de l'Octogone régulier . . . . . . . . . | $R\sqrt{2-\sqrt{2}}$ |
| 81. Longueur de la circonférence de rayon R . . . . . | $2\pi R$ |
| 82. Longueur d'un arc de n° dans un cercle de rayon R | $\frac{\pi R n}{180}$ |
| 83. Surface d'un rectangle ou d'un parallélogramme ayant b pour base et h pour hauteur . . . . . . . . . | $b \times h$ |
| 84. Surface d'un triangle ayant pour dimensions b et h | $\frac{b \times h}{2}$ |
| 85. Surface d'un trapèze ayant pour côtés parallèles B, b, et pour hauteur h . . . . . . . . . . . . | $\left(\frac{B+b}{2}\right) \times h$ |
| 86. Surface d'un triangle équilatéral de côté A | $\frac{A^2\sqrt{3}}{4}$ |
| 87. Surface d'un polygone régulier de n côtés égaux chacun à c, et dont l'apothème = a . . . . . . . . . . | $n c \times \frac{a}{2}$ |
| 88. Surface d'un cercle de rayon R . . . . . . . . . | $\pi R^2$ |
| 89. Surface d'un secteur de n° dans un cercle de rayon R | $\frac{\pi R^2 n}{360}$ |
| 90. Surface d'un segment . . . . . . . . . . . . . | $\frac{\pi R^2 n}{360}$ − triangle |

91. Les surfaces de deux figures semblables sont entre elles comme les carrés des côtés homologues. – Les surfaces de deux cercles sont entre elles comme les carrés de leurs rayons.

## Géométrie dans l'espace

| | |
|---|---|
| 92. Volume d'un parallélipipède ou d'un prisme ayant pour base B et pour hauteur h . . . . . . . . | $B \times h$ |
| 93. Volume d'une pyramide ayant pour dimensions B, H | $\frac{1}{3} B \times H$. |
| 94. Volume d'un tronc de pyramide à bases parallèles B, B', et dont la hauteur est H . . . . . . . . . | $\frac{1}{3}H(B+B'+\sqrt{BB'})$ |
| 95. Volume d'un tronc de prisme triangulaire de base B, et dont les perpendiculaires abaissées des 3 sommets de la section sont égales à h, h', h" . . . . . . . . . . | $B\left(\frac{h+h'+h''}{3}\right)$ |

96. Les volumes des polyèdres semblables sont entre eux comme les cubes des arêtes homologues.

| | | |
|---|---|---|
| 97. Cylindre droit de rayon de base R et de hauteur h . . . . . . . . | Surface latérale | $2\pi R h$ |
| | Volume . . . . | $\pi R^2 h$ |

98. Cône droit de rayon de base $R$, de hauteur $h$ et de côté $a$ ....... { Surface latérale ... | $\pi R a$
Volume ...... | $\frac{1}{3}\pi R^2 h$

99. Tronc de cône à bases parallèles ayant $R$, $R'$ pour rayons des bases, $h$ pour hauteur, $a$ pour côté et $R''$ pour rayon de la circonférence menée à égale distance des bases ....... } Surface latérale ... | $\pi(R+R')a$ ou $2\pi R'' a$
Volume ....... | $\frac{1}{3}\pi h(R^2+R'^2+RR')$

100. Les cylindres et cones semblables sont entre eux comme les cubes des hauteurs ou des rayons des bases.

101. Surface engendrée par une ligne brisée régulière tournant autour d'un axe mené dans son plan et passant par son centre, $p'$ étant la projection de la ligne sur l'axe et $r$ son apothème ...... } $p \times 2\pi R$.

102. Surface d'une zone de hauteur $h$ située sur une sphère de rayon $R$ ................ } $2\pi R \times h$

103 Surface d'une sphère de rayon $R$ ........... | $4\pi R^2$

104 d° de diamètre $D$ ......... | $\pi D^2$

105 Deux zones situées sur la même sphère sont entre elles comme leurs hauteurs. Deux sphères ont leurs surfaces proportionnelles aux carrés de leurs rayons.

106 Volume engendré par un triangle tournant autour d'un axe mené dans son plan par un de ses sommets, $a$ étant le côté opposé à ce sommet, surf. $a$ la surface engendrée par ce côté autour de l'axe et $h$ la hauteur correspondante .... } $\text{surf.}\,a \times \frac{1}{3} h$.

107 Volume d'un secteur sphérique ayant pour base une zone de hauteur $h$, et appartenant à une sphère de rayon $R$ } $\text{zone} \times \frac{1}{3} R$ ou $\frac{2}{3}\pi R^2 h$

108 Volume d'une sphère de rayon $R$ .......... | $\frac{4}{3}\pi R^3$

109 d° de diamètre $D$ ........ | $\frac{1}{6}\pi D^3$

110 Volume engendré par un segment de cercle tournant autour d'un diamètre, $c$ étant la corde du segment et $c'$ sa projection sur le diamètre ........ | $\frac{1}{6}\pi c^2 \times c'$

111. Volume d'un segment de sphère de hauteur $h$ et ayant pour rayons de bases $R$, $R'$ } $\frac{1}{6}\pi h^3 + \frac{1}{2}\pi(R^2+R'^2)h$

112. Deux secteurs sphériques situés sur la même sphère sont entre eux

comme les hauteurs des zônes qui leur servent de base. – Deux sphères ont leurs volumes proportionnels aux cubes de leurs rayons.

## Problèmes d'application.

**113.** Exemple 1. Les deux bases d'un trapèze A,B,C,D (fig. 2) valent : AB = $18^m$, CD = $12^m$ ; la hauteur = $7^m$. – A quelle distance de la grande base faut-il lui mener une parallèle pour que cette parallèle partage la surface du trapèze en deux parties équivalentes ?

Fig. 2

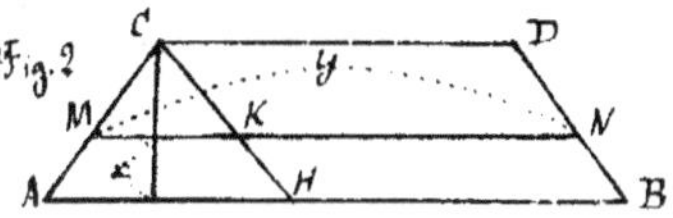

Soient $x$ la distance demandée et $y$ la longueur de la parallèle MN. La surface du trapèze AMNB est $\left(\frac{18+y}{2}\right)x$, et celle du trapèze entier est $\left(\frac{18+12}{2}\right)7 = 105$

On doit donc avoir $\left(\frac{18+y}{2}\right)x = \frac{105}{2}$

ou $(18+y)x = 105 \qquad (1)$

Menant CH parallèle à BD, les triangles semblables donnent :

$$\frac{7-x}{7} = \frac{y-12}{6}$$

d'où l'on tire $$y = \frac{126-6x}{7}$$

Substituant dans l'équation (1), il vient calculs faits :

$$2x^2 - 84x + 245 = 0$$

d'où $$x = \frac{42 \pm \sqrt{42^2 - 2 \times 245}}{2} = \frac{42 \pm 35.70}{2}$$

$$x' = 38,85 \qquad x'' = 3,15$$

Rejetant la valeur de $x'$ qui ne saurait convenir, puisqu'elle surpasse la hauteur du trapèze, on a donc $3^m15$ pour la distance demandée, à 0,01 près.

**114.** Exemple 2. Mener dans un triangle ABC (fig. 3) une parallèle au côté BC, qui détermine un petit triangle égal au tiers du grand.

Fig. 3.

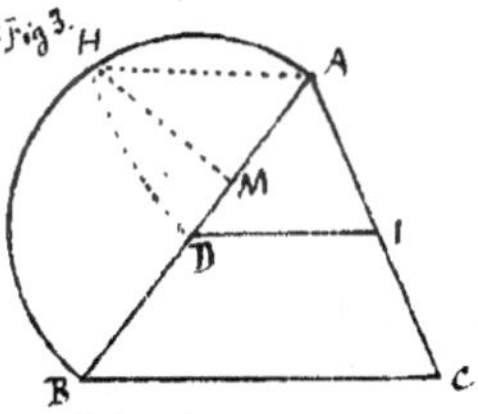

Soit D le point du côté AB par lequel passe la parallèle demandée, et posons : AD = $x$.

Il vient, d'après l'énoncé, en appelant T, t le grand triangle et le petit, $\frac{t}{T} = \frac{1}{3}$.

et de plus, comme ces triangles sont semblables, leurs surfaces sont proportionnelles aux carrés des côtés homologues ; on aura donc encore :

$$\frac{t}{T} = \frac{x^2}{\overline{AB}^2}$$

Il en résulte $\frac{x^2}{\overline{AB}^2} = \frac{1}{3}$, d'où $x^2 = \frac{\overline{AB}^2}{3}$ et $x = \frac{AB}{\sqrt{3}} = \frac{AB\sqrt{3}}{3}$.

Le problème est donc résolu si l'on connaît la valeur numérique de AB.

Dans le cas contraire, on devra obtenir $x$ par une construction. Pour cela on remarque qu'on peut écrire $x^2 = AB \times \frac{AB}{3}$, et qu'ainsi $x$ est une moyenne proportionnelle entre le côté AB et son tiers. — On l'obtiendra en divisant AB en 3 parties égales, décrivant sur cette ligne une ½ circonférence, élevant par le premier point de division M une perpendiculaire, et joignant enfin AH, car $\overline{AH}^2 = AB \times AM = AB \times \frac{AB}{3}$. Prenant $AD = AH$ et menant la parallèle DI, le triangle ADI est le tiers du triangle ABC.

**115.** Exemple 3. — Une pyramide dont une arête $a = 24^m 638$ est coupée par un plan parallèle à la base de telle sorte que le volume de la petite pyramide est le $\frac{1}{10}$ᵉ de celui de la pyramide totale; calculer la distance du sommet comptée sur l'arête $a$ à laquelle le plan a été mené

Soient $v$, $V$, les volumes des deux pyramides, on a

$$\frac{v}{V} = \frac{1}{10}$$

et de plus, comme elles sont semblables (96)

$$\frac{v}{V} = \frac{x^3}{a^3}$$

$x$ étant la distance demandée. Donc

$$\frac{x^3}{a^3} = \frac{1}{10}, \text{ d'où } x = a\sqrt[3]{\frac{1}{10}} = 24,638\sqrt[3]{\frac{1}{10}}$$

Effectuant, il vient $x = 11^m 436$.

**116.** Exemple 4. On a un cercle de $20^m$ de rayon. Par le milieu B (fig. 4) du rayon OA, on mène la corde perpendiculaire MN et ensuite la tangente MP au point M. Calculer le volume engendré par le triangle MBP tournant autour de OP.

Fig. 4

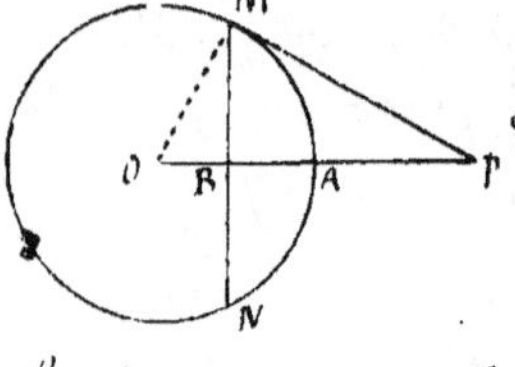

Ce volume est celui d'un cône dont le rayon de base $= BM$ et dont la hauteur $= BP$, donc

$$\text{vol } X = \frac{1}{3}\pi \overline{BM}^2 \times BP$$

Mais la corde MN qui passe par le milieu de OA est le côté du triangle équilatéral inscrit, donc $BM = \frac{R\sqrt{3}}{2}$ et $\overline{BM}^2 = \frac{3R^2}{4}$

D'autre part, en joignant OM, on a dans le triangle rectangle OMP (71, 2°)

$$\overline{MB}^2 = OB \times BP, \text{ d'où } BP = \frac{\overline{MB}^2}{OB} = \frac{\frac{3R^2}{4}}{\frac{R}{2}} = \frac{3R}{2}.$$

$$\text{Donc vol } X = \frac{1}{3}\pi \times \frac{3R^2}{4} \times \frac{3R}{2} = \frac{3\pi R^3}{8} = \frac{3\pi \times 20^3}{8}$$

Effectuant, il vient : vol $X = 9424^{m.c.} 776$

**117.** Exemple 5. Évaluer le volume engendré par un hexagone régulier tournant autour d'un de ses côtés $AB = a$ (fig. 5) en fonction de $a$.

Si l'on abaisse les perpendiculaires $FG$, $EA$, $DB$, $CH$ sur l'axe, on a $\text{vol}\, X = \text{vol}\, ABDE + 2(\text{vol}\, BDCH - \text{vol}\, BCH)$

$$\text{vol}\, ABDE = \pi\, \overline{BD}^2 \times AB \quad (97)$$

or $DB = a\sqrt{3}$ (78) et $AB = a$, donc

$$\text{vol}\, ABDE = 3\pi a^3$$

$$\text{vol}\, BDCH = \tfrac{1}{3}\pi\, BH\,(\overline{BD}^2 + \overline{CH}^2 + BD \times CH) \quad (99)$$

$$\text{vol}\, BCH = \tfrac{1}{3}\pi\, BH \times \overline{CH}^2 \quad (98)$$

Donc $\text{vol}\, BDCH - \text{vol}\, BCH = \frac{1}{3}\pi\, BH\,(\overline{BD}^2 + BD \times CH)$.

Mais $BH = \frac{a}{2}$, $BD = a\sqrt{3}$ et $CH = \frac{a\sqrt{3}}{2}$

Donc $\text{vol}\, BDCH - \text{vol}\, BCH = \frac{1}{3}\pi \times \frac{a}{2}\left(3a^2 + \frac{3a^2}{2}\right) = \frac{3\pi a^3}{4}$

Et enfin $\text{vol}\, X = 3\pi a^3 + \frac{3\pi a^3}{2} = \frac{9}{2}\pi a^3$

## Problèmes de Géométrie pure.

**118.** *Exemple 1.* Étant donné un cercle et un point extérieur $A$ (fig. 6), mener par le point une sécante telle que la corde interceptée soit égale à une ligne donnée $MN$.

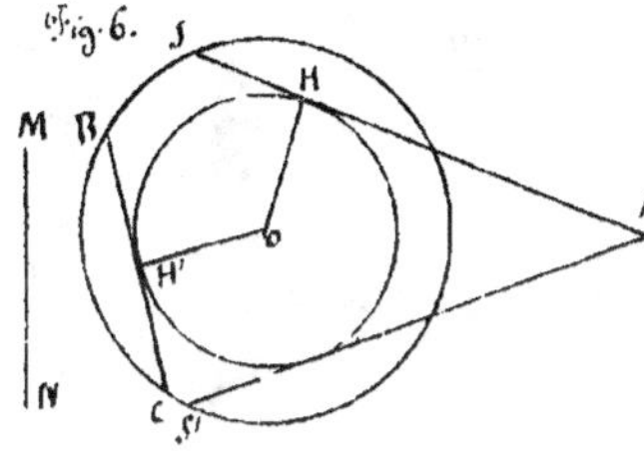


Supposons le problème résolu, et soit $AS$ la sécante demandée, si du point $O$ nous abaissons $OH$ perpendiculaire sur $AS$, nous voyons que cette dernière ligne est tangente à une circonférence de rayon $OH$. Il en résulte que si $OH$ peut être déterminée, il n'y aura plus qu'à décrire une circonférence du point $O$ comme centre avec $OH$ comme rayon, et qu'à mener du point $A$ une tangente à cette circonférence.

S'appuyant sur ce que les cordes égales d'un même cercle sont également éloignées du centre, on inscrira dans la circonférence donnée une corde $BC = MN$ : la perpendiculaire $OH'$ abaissée sur cette corde sera égale à $OH$ et la question s'achèvera facilement. Il y a deux solutions, puisque du point $A$ on peut mener deux tangentes à la circonférence $OH$.

Le problème n'est évidemment possible que si $MN$ est moindre que le diamètre du cercle. Lorsque $MN$ est égale précisément à ce diamètre, il n'y a qu'une solution, qu'on obtient immédiatement en menant la sécante qui passe par le centre du cercle donné.

**119.** Exemple 2. Par le point de contact de deux cercles tangents on mène deux cordes communes. Prouver que les lignes qui joignent leurs extrémités sont parallèles.

Supposons d'abord les cercles tangents extérieurement en A (fig. 7).

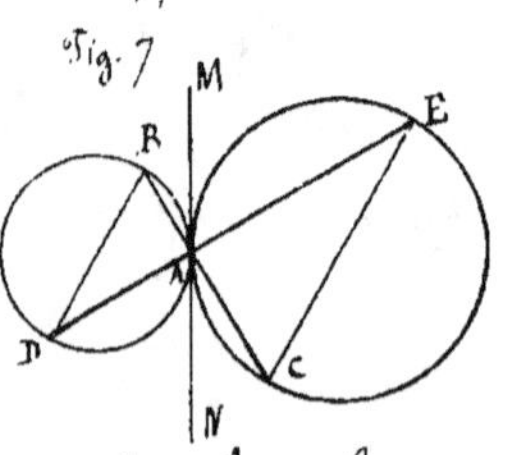


Menons les cordes BC, DE et joignons BD, CE : il s'agit de prouver que ces lignes sont parallèles. Menons la tangente commune MN ; l'angle MAB = BDA comme ayant même mesure ($\frac{1}{2}$ arc BA), et pour la même raison NAC = AEC.

Mais les angles MAB, NAC, opposés par le sommet, sont égaux ; donc les deux angles alternes internes BDA, AEC, sont égaux, et par suite les lignes BD, CE, sont parallèles.

Supposons maintenant les cercles tangents intérieurement en A (fig. 8) :

Menons les cordes AC, AE, et joignons BD, EC ; il faut prouver que ces lignes sont parallèles.

Menons encore la tangente commune MN. L'angle MAE = ACE et = aussi ADB comme ayant même mesure. Donc les angles correspondants ACE ADB, sont égaux, et par suite les lignes BD, EC, sont parallèles.

**120.** Exemple 3. Deux triangles ayant leurs côtés respectivement parallèles, prouver que les lignes qui joignent les sommets homologues vont se rencontrer au même point.

Soient (fig. 9) les deux triangles ABC, A'B'C', dans lesquels on suppose AB, AC, BC, respectivement parallèles à A'B', A'C', B'C' : il s'agit de démontrer que les lignes AA', BB', CC' prolongées vont concourir au même point.

Prolongeons AA', CC', et soit O leur point de rencontre ; prolongeons maintenant BB' et soit O' le point où cette ligne va rencontrer AA'. Nous allons prouver que le point O' doit se confondre avec le point O.

Le parallélisme de AC, A'C' donne $\frac{AC}{A'C'} = \frac{OA}{OA'}$

Le parallélisme de AB, A'B' donne $\frac{AB}{A'B'} = \frac{O'A}{O'A'}$

Mais les triangles semblables ABC, A'B'C' donnent $\frac{AC}{A'C'} = \frac{AB}{A'B'}$, donc

$$\frac{OA}{OA'} = \frac{O'A}{O'A'}, \text{ d'où } \frac{OA}{OA - OA'} = \frac{O'A}{O'A - O'A'}$$

c'est-à-dire :

$$\frac{OA}{AA'} = \frac{O'A}{AA'}$$

ce qui exige que $OA = O'A$. Les points $O, O'$ ne sauraient donc différer l'un de l'autre, et le théorème est démontré.

121. Exemple 4. Si deux triangles BAC, DAE ont les angles en A supplémentaires (fig. 10) démontrer qu'ils sont entre eux comme le produit des côtés qui comprennent les angles supplémentaires.

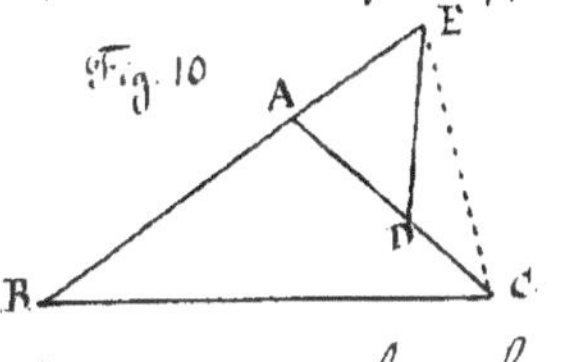


Les triangles étant placés comme l'indique la figure, joignons EC. Les deux triangles ABC, AEC ayant le même sommet C et leurs bases en ligne droite, ont même hauteur, et sont par suite entre eux comme leurs bases, on a donc :

$$\frac{ABC}{AEC} = \frac{AB}{AE}$$

Pour la même raison, on a $\frac{AEC}{AED} = \frac{AC}{AD}$

Multipliant membre à membre, et supprimant le facteur commun AEC, il vient :

$$\frac{ABC}{AED} = \frac{AB \times AC}{AE \times AD}$$

ce qu'il fallait démontrer.

---

# Trigonométrie.

## Principales formules.

122. Deux arcs supplémentaires ont leurs sinus égaux et de même signe, et leurs cosinus égaux et de signes contraires.

$$\sin(180° - a) = \sin a \qquad \cos(180° - a) = -\cos a$$

123. Deux arcs qui diffèrent de 180° ont leurs sinus et leurs cosinus égaux et de signes contraires

$$\sin(180° + a) = -\sin a. \qquad \cos(180° + a) = -\cos a.$$

124. Deux arcs égaux et de signes contraires ont leurs sinus égaux et de signes contraires, leurs cosinus égaux et de même signe.

$$\sin(-a) = -\sin a \qquad \cos(-a) = \cos a$$

125. Relations entre les lignes trigonométriques d'un arc $a$ :

$$\sin^2 a + \cos^2 a = 1 \qquad \operatorname{tg} a = \frac{\sin a}{\cos a} \qquad \sec a = \frac{1}{\cos a}$$

$$\operatorname{Cotg} a = \frac{\cos a}{\sin a} \qquad \operatorname{Cosec} a = \frac{1}{\sin a}$$

126. Autres relations que l'on déduit des précédentes :

$$\operatorname{tg} a \operatorname{cotg} a = 1, \quad \sec^2 a = 1 + \operatorname{tg}^2 a, \qquad \operatorname{cosec}^2 a = 1 + \operatorname{cotg}^2 a.$$

$$\sin a = \frac{\operatorname{tg} a}{\pm\sqrt{1+\operatorname{tg}^2 a}} \qquad \operatorname{Cos} a = \frac{1}{\pm\sqrt{1+\operatorname{tg}^2 a}}$$

127. Formules pour l'addition et la soustraction des arcs.

$$\sin(a+b) = \sin a \cos b + \cos a \sin b$$
$$\sin(a-b) = \sin a \cos b - \cos a \sin b$$
$$\cos(a+b) = \cos a \cos b - \sin a \sin b$$
$$\cos(a-b) = \cos a \cos b + \sin a \sin b$$
$$\operatorname{tg}(a+b) = \frac{\operatorname{tg} a + \operatorname{tg} b}{1 - \operatorname{tg} a \operatorname{tg} b}$$
$$\operatorname{tg}(a-b) = \frac{\operatorname{tg} a - \operatorname{tg} b}{1 + \operatorname{tg} a \operatorname{tg} b}$$

128. Formules pour la multiplication des arcs :

$$\sin 2a = 2 \sin a \cos a \qquad \operatorname{Cos} 2a = \operatorname{Cos}^2 a - \sin^2 a \qquad \operatorname{tg} 2a = \frac{2 \operatorname{tg} a}{1 - \operatorname{tg}^2 a}$$

129. Formules pour la division des arcs :

$$\sin \tfrac{1}{2} a = \pm\sqrt{\frac{1-\cos a}{2}} \qquad \operatorname{Cos} \tfrac{1}{2} a = \pm\sqrt{\frac{1+\cos a}{2}}$$

$$\sin \tfrac{1}{2} a = \tfrac{1}{2}\left(\pm\sqrt{1+\sin a} \pm \sqrt{1-\sin a}\right) \qquad \operatorname{Cos} \tfrac{1}{2} a = \tfrac{1}{2}\left(\pm\sqrt{1+\sin a} \mp \sqrt{1-\sin a}\right)$$

$$\operatorname{tg} \tfrac{1}{2} a = \frac{-1 \pm \sqrt{1+\operatorname{tg}^2 a}}{\operatorname{tg} a}$$

130. Formules à l'aide desquelles on peut transformer une somme de deux sinus ou cosinus, une différence de deux sinus ou cosinus, en un produit :

$$\sin p + \sin q = 2 \sin \tfrac{1}{2}(p+q) \cos \tfrac{1}{2}(p-q)$$
$$\sin p - \sin q = 2 \sin \tfrac{1}{2}(p-q) \operatorname{Cos} \tfrac{1}{2}(p+q)$$
$$\cos p + \cos q = 2 \cos \tfrac{1}{2}(p+q) \cos \tfrac{1}{2}(p-q)$$
$$\cos q - \cos p = 2 \sin \tfrac{1}{2}(p+q) \sin \tfrac{1}{2}(p-q)$$

Voici la traduction de ces formules en langage ordinaire :

1° La somme des sinus de deux arcs est égale à 2 fois le produit du sinus de la ½ somme de ces arcs par le cosinus de leur demi-différence ;

2° La différence des sinus de deux arcs est égale à 2 fois le produit du sinus de la demi-différence de ces arcs par le cosinus de leur demi-somme ;

3° La somme des cosinus de deux arcs est égale à 2 fois le produit du cosinus de leur demi-somme par le cosinus de leur demi-différence ;

4° La différence des cosinus de deux arcs est égale à 2 fois le produit du sinus de leur demi somme par le sinus de leur demi-différence.

Des deux premières de ces 4 formules, on déduit :

$$\frac{\sin p + \sin q}{\sin p - \sin q} = \frac{\operatorname{tg}\frac{1}{2}(p+q)}{\operatorname{tg}\frac{1}{2}(p-q)}$$

c'est-à-dire que la somme des sinus de deux arcs est à leur différence comme la tangente de la demi-somme de ces arcs est à la tangente de leur demi-différence.

131. Formules relatives à la construction des tables :

$$\sin a < a < \operatorname{tg} a \qquad a - \sin a < \frac{a^3}{4}$$

$$\cos a > 1 - \frac{a^2}{2} \qquad \cos a < 1 - \frac{a^2}{2} + \frac{a^4}{16}$$

$a$ représente dans ces formules un arc positif moindre que 90°

Formules de Simpson, pour le calcul des sin. et cos. des arcs de 10" en 10"

$$\sin(m+1)\,10'' = 2 \sin m\,10'' \cos 10'' - \sin(m-1)\,10''$$

$$\cos(m+1)\,10'' = 2 \cos m\,10'' \cos 10'' - \cos(m-1)\,10''$$

132. Relations entre les côtés et les angles d'un triangle rectangle :

Les lettres $a, b, c$, désignent les côtés opposés aux angles $A, B, C$ ; $a$ est l'hypothénuse.

$$b = a \sin B \text{ ou } b = a \cos C \qquad b = c \operatorname{tg} B \text{ ou } b = c \operatorname{cotg} C$$

$$c = a \sin C \text{ ou } c = a \cos B \qquad c = b \operatorname{tg} C \text{ ou } c = b \operatorname{cotg} B$$

$$B + C = 90° \qquad a^2 = b^2 + c^2$$

133. Relations entre les côtés et les angles d'un triangle quelconque :

$$\frac{a}{\sin A} = \frac{b}{\sin B} = \frac{c}{\sin C} \qquad a^2 = b^2 + c^2 - 2bc \cos A$$

$$A + B + C = 180° \qquad b^2 = a^2 + c^2 - 2ac \cos B$$

$$c^2 = a^2 + b^2 - 2ab \cos C$$

$$a = b \cos C + c \cos B$$

$$b = a \cos C + c \cos A$$

$$c = a \cos B + b \cos A$$

134. Formules pour la résolution des triangles rectangles.

| | | | | |
|---|---|---|---|---|
| 1er Cas. Données | $a\,B$ | $C = 90° - B$ | $b = a \sin B$ | $c = a \cos B$ |
| 2e Cas | d° $b\,B$ | $C = 90° - B$ | $a = \frac{b}{\sin B}$ | $c = b \operatorname{cotg} B$ |

3e cas. Données $a\ b$ | $c = \sqrt{a^2 - b^2}$, $\sin B = \frac{b}{a}$, $C = 90 - B$

4e cas d° $b\ c$ | $\operatorname{tg} B = \frac{b}{c}$ $C = 90° - B$, $a = \frac{b}{\sin B}$

**135.** Formules pour la résolution des triangles quelconques ;

1er cas. Données $A, B, c$.

$$C = 180° - (A+B),\quad a = \frac{c \sin A}{\sin C},\quad b = \frac{c \sin B}{\sin C},\quad \text{surface} = \frac{a^2 \sin A \sin B}{2 \sin C}$$

2e cas. Données $A, b, c$.

$$\tfrac{1}{2}(B+C) = 90° - \tfrac{1}{2}A.\quad \operatorname{tg}\tfrac{1}{2}(B-C) = \frac{b-c}{b+c}\operatorname{cotg}\tfrac{1}{2}A.\quad a = \frac{b \sin A}{\sin B}.\quad S = \frac{bc \sin A}{2}$$

3e cas. Données $a, b, c$.

$$\operatorname{tg}\tfrac{1}{2}A = \sqrt{\frac{(p-b)(p-c)}{p(p-a)}}\quad \operatorname{tg}\tfrac{1}{2}B = \sqrt{\frac{(p-a)(p-c)}{p(p-b)}}\quad \operatorname{tg}\tfrac{1}{2}C = \sqrt{\frac{(p-a)(p-b)}{p(p-c)}}$$

$$\text{surf.} = \sqrt{p(p-a)(p-b)(p-c)}$$

**136.** Indépendamment des formules qui précèdent, il est quelques valeurs utiles à connaître, en voici le tableau :

$\sin 45° = \frac{\sqrt{2}}{2}$ $\cos 45° = \frac{\sqrt{2}}{2}$ $\operatorname{tg} 45° = 1$

$\sin 30° = \frac{1}{2}$ $\cos 30° = \frac{\sqrt{3}}{2}$ $\operatorname{tg} 30° = \frac{1}{\sqrt{3}}$

$\sin 60° = \frac{\sqrt{3}}{2}$ $\cos 60° = \frac{1}{2}$ $\operatorname{tg} 60° = \sqrt{3}$

$\text{arc } 10'' = \frac{\pi}{64800} = 0{,}000048481368110\ldots$

$\text{arc } 1'' = \frac{\pi}{648000} = \frac{1}{206265}$

Usage des tables de Callet.

**137.** Remarque générale. — La caractéristique de tous les logarithmes que l'on rencontre dans les trois colonnes à gauche de chaque page doit être diminuée de 10 unités. Celle des logarithmes qui se trouvent dans la dernière colonne de droite doit être prise telle qu'on la trouve.

Au-dessous de 45° les degrés se lisent en haut de chaque page, les minutes et les secondes à gauche en descendant ; de 45° à 90° les degrés se lisent au bas de chaque page, les minutes et les secondes à droite en montant.

**138.** Étant donnée la graduation d'un arc, trouver le logarithme du sinus, du cosinus, de la tangente et de la cotangente de cet arc.

1° L'arc renferme des dizaines de secondes. — Exemple. Chercher le logarithme du sinus de 28° 25' 40".

On cherche 28 en haut d'une page, et l'on descend à gauche la colonne des minutes jusqu'à ce qu'on rencontre le nombre 25, on entre alors dans la colonne des secondes, que l'on descend jusqu'au nombre 40. Vis à vis ce nombre, et dans la colonne intitulée sinus en haut, on trouve 9,6776531 : on a donc log sin 28°25'40" = $\bar{1}$,6776531

2° L'arc renferme un nombre quelconque de secondes avec des fractions. — Exemple. Chercher log sin 32°18'37",23

On cherche d'abord comme il vient d'être indiqué log sin 32°18'30", et l'on trouve $\bar{1}$,7279276. Entre ce log et le suivant, qui correspond à 32°18'40", on trouve à gauche, dans la colonne intitulée Diff., séparée par un trait seulement de celle où l'on prend le log, le nombre 333. On sépare par une virgule le dernier chiffre à droite de ce nombre, et l'on multiplie la quantité 33,3 ainsi obtenue par les unités et fractions de secondes dont on n'a pas encore tenu compte, soit 7",23. On ajoute enfin la partie entière du produit aux derniers chiffres de $\bar{1}$,7279276, après avoir eu soin de forcer d'une unité le dernier chiffre de cette partie entière si le premier des chiffres décimaux est supérieur à 5.

Ainsi log. sin 23°18'30" = $\bar{1}$,7279276
pour 7",23 .... 241
log sin 23°18'37"23 = $\bar{1}$,7279517

33,3
7,23
999
666
2331
240,759

La recherche d'un log. tg. se fait absolument de la même manière.

Ex. 1 Chercher log. tg 56°23'42",7

log. tg. 56°23'40 = 0,1774801
pour 2",7.... 123
Log. tg. 56°23'42",7 = 0,1774924

45,6
2,7
3192
912
123,12

Ex. 2. Chercher log. tg. 21°27'28"

log. tg. 21°27'20" = $\bar{1}$,5944088
pour 8"... 494
Log tg 21°27'28" = $\bar{1}$,5944582

61,8
8
494,4

Pour trouver un log. cosinus ou cotangente, la marche à suivre est encore la même; seulement, au lieu de s'arrêter au log. du cosinus ou de la cotangente de l'arc qui s'approche le plus en moins de l'arc donné, on prend celui qui correspond à l'arc qui s'en approche le plus en plus.

Ex. 1. Chercher log. cos. 40°51'34",6

$$\begin{array}{r} 18,2 \\ 5,4 \\ \hline 72\,8 \\ 91\,0 \\ \hline 98,28 \end{array}$$

Log. cos 40°51'40" = $\bar{1}$,8786928
pour 5,4, pris en trop ... 98
Log. cos. 40°51'34",6 = $\bar{1}$,8787026

Ex. 2. Chercher log. cos. 65°24'18",32.

$$\begin{array}{r} 46,0 \\ 1,68 \\ \hline 368 \\ 276 \\ 46 \\ \hline 77,28 \end{array}$$

Log. cos. 65°24'20" = $\bar{1}$,6192944
pour 1"68 pris en trop ... 77
Log. cos. 65°24'18",32 = $\bar{1}$,6193021

Ex. 3. Chercher log. cotg. 18°25'57",9

$$\begin{array}{r} 70,2 \\ 2,1 \\ \hline 70\,2 \\ 140\,4 \\ \hline 147,42 \end{array}$$

Log. cotg. 18°25'60" = 0,4771621
pour 2,1 pris en trop ..... 147
Log. cotg. 18°25'57",9 = 0,4771768

Ex. 4. Chercher log cotg. 72°0'4"88.

$$\begin{array}{r} 71,6 \\ 5,12 \\ \hline 1432 \\ 716 \\ 3580 \\ \hline 366,592 \end{array}$$

Log cotg. 72°0'10" = $\bar{1}$,5117044
pour 5"12 pris en trop ... 366
Log. cotg 72°0'4",88 = $\bar{1}$,5117410

Nota.- On trouve dans les tables les log. sinus et tangentes des arcs de seconde en seconde de 0 à 5°, comme aussi les log. cosinus et cotangentes des arcs de seconde en seconde de 85° à 90°.

Le log. sinus d'un arc compris entre 90° et 180° est égal au log. sinus du supplément (122).

**138.** Étant donné le Logarithme d'un sinus, d'un cosinus, d'une tangente ou d'une cotangente, trouver la graduation de l'arc correspondant.

1° Le log. donné est dans les tables.- Exemple. Log sin $x$ = $\bar{1}$ 4649010, trouver

Ayant ajouté 10 à la caractéristique, on cherche dans l'une des colonnes intitulées sinus le nombre 9.4649010. La colonne dans laquelle on le trouve étant intitulée sinus en haut, on lit les degrés en haut, les minutes et les secondes à gauche, et l'on voit que l'arc $x = 16°57'30''$

2° Le log. donné n'est pas dans les tables. Ex. Log sin $x = \bar{1},9474594$, trouver $x$.

On cherche dans l'une des colonnes sinus le nombre qui s'approche le plus en moins de 9,9474594 ; on trouve ainsi 9,9474564, qui, lu dans la colonne intitulée sinus en bas, correspond à l'arc 62°22'50", dont les degrés sont lus en bas, les minutes et les secondes à droite.

La différence entre le log. donné et celui auquel on s'est arrêté est 30, on ajoute un zéro à la droite, et l'on divise le nombre 300 ainsi formé par la différence tabulaire 110 qui se trouve à gauche entre 9,9474564 et le log. suivant 9,9474674. Le quotient poussé jusqu'aux centièmes (qu'il ne faut jamais dépasser) est 2,72, et l'on a

$$x = 62°22'52''72.$$

Pour les log. tangentes, on opère de même

Ex. Log tg $x = \bar{1},7183825$, trouver $x$.

```
7183764   correspond à   27° 36' 10"
  610 | 512
  980 |------
 4680 | 1,19 .....             1, 19
                        ---------------
   x =                   27° 36' 11", 19
```

Quand le log. donné est celui d'un cosinus ou d'une cotangente, on opère de même, à cela près que l'on s'arrête au log. de la table qui s'approche le plus en plus du log. donné.

Ex. Log. cos $x = \bar{1}, 6657810$, trouver $x$

```
6658183   correspond à   62° 24' 10"
6657810
-------
 3730 | 403
 1030 |-----
 2240 | 9,25                   9, 25
                        ---------------
                  x =      62° 24' 19", 25
```

Ex. 2. Log Cotg $x$ = 0,3879229, trouver $x$.

3879788 correspond à 22° 15' 30"

3879229

5590 | 600

1900 | 9,31 . . . . . . 9,31

1000

$x$ = 22° 15' 39",31

Types de calculs pour la résolution des triangles.

Triangles rectangles.

**139.** Résoudre un triangle rectangle connaissant $a$ = 55m $B$ = 53°7'48",4.

Inconnues $C$, $b$, $c$.

Calcul de $C$ $C = 90° - B$ = 36°52'11",6

Calcul de $b$ $b = a \sin B$, $\log b = \log a + \log \sin B$

log $a$ = 1,7403627

log sin $B$ = $\bar{1}$,9030901

log $b$ = 1,643[illegible]

$b$ = 44m

Calcul [illegible] $B$ [illegible] log $a$ + log Cos $B$.

log $a$ = 1,7403627

log cos $B$ = $\bar{1}$,7781512

log [illegible] = 1,5185139

$c$ = [illegible]

**140.** Résoudre un triangle rectangle, connaissant $b$ = 7m,52, $B$ = 25°17'14"

Inconnues $C$ $a$ $c$

Calcul de $C$ $C = 90° - B$ = 64°42'46"

Calcul de $a$ $b = a \sin B$, d'où $a = \frac{b}{\sin B}$. $\log a = \log b - \log \sin B$

log $b$ = 0,8762178

log. sin $B$ = 0,3694133 (log sin $B$ = $\bar{1}$,6305867)

log $a$ = 1,2456311

$a$ = 17m,60

Calcul de c $\qquad c = b \cot g B \qquad \log c = \log b + \log \cot g B$

$$\log b = 0,8762178$$
$$\log \cot g B = 0,3256671$$
$$\log c = 1,2018849$$
$$c = 15^m 92$$

141. Résoudre un triangle rectangle connaissant $a = 0^m,64$, $b = 0^m 31$

Inconnues $B, C, c$.

Calcul de B. $\qquad b = a \sin B$, d'où $\sin B = \frac{b}{a} \qquad \log \sin B = \log b - \log a$

$$\log b = \overline{1},4913617$$
$$-\log a = 0,1938200 \qquad (\log a = \overline{1},8061800)$$
$$\log \sin B = \overline{1},6851817$$
$$B = 28^\circ 58' 17'',5$$

Calcul de C. $\qquad C = 90^\circ - B = 61^\circ 1' 42'',5$

Calcul de c $\qquad c = \sqrt{a^2 - b^2} = \sqrt{(a+b)(a-b)}$

$$\log c = \frac{1}{2}\left[\log(a+b) + \log(a-b)\right]$$
$$\log(a+b) = \overline{1},9777236$$
$$\log(a-b) = \overline{1},5185139$$
$$\log c = \frac{1}{2}(\overline{1},4962375) = \overline{1},7481187$$
$$c = 0^m 56$$

142. Résoudre un triangle rectangle connaissant $b = 93^m$, $c = 124^m$

Inconnues $B, C, a$

Calcul de B. $\qquad b = c \operatorname{tg} B$, d'où $\operatorname{tg} B = \frac{b}{c}$. $\qquad \log \operatorname{tg} B = \log b - \log c$.

$$\log b = 1,9684829$$
$$-\log c = \overline{3},9065783 \qquad (\log c = 2,0934217)$$
$$\log \operatorname{tg} B = \overline{1},8750612$$
$$B = 36^\circ 52' 11'',6$$

Calcul de C $\qquad C = 90^\circ - B = 53^\circ 7' 48'',4$

Calcul de a $\qquad b = a \sin B$, d'où $a = \frac{b}{\sin B}$ $\qquad \log a = \log b - \log \sin B$

Log b

$$\log b = 1,9684829$$
$$-\log\sin B = \underline{0,2218488} \quad (\log.\sin. B = \bar{1},7781512)$$
$$\log a = 2,1903317$$
$$a = 155^{m.}$$

## Triangles quelconques.

143. Résoudre un triangle connaissant $A = 68°26'17''$, $B = 75°8'23''$, $c = 97^m,89$

Inconnues $C$ $a$ $b$ $S$

Calcul de $C$ $\quad C = 180° - (A+B) = 36°25'10''$

Calcul de $a$. $\quad a = \frac{c \sin A}{\sin C}$ $\qquad$ Calcul de $b$. $\quad b = \frac{c \sin B}{\sin C}$

$\log a = \log c + \log\sin A - \log\sin C$ $\qquad$ $\log b = \log c + \log.\sin. B - \log.\sin. C$

| | |
|---|---|
| $\log c = 1,9907383$ | $\log c = 1,9907383$ |
| $\log\sin A = \bar{1},9684927$ | $\log.\sin B = \bar{1},9852262$ |
| $-\log\sin C = 0,2264388$ $(\log\sin C = \bar{1},7735612)$ | $-\log.\sin. C = 0,2264388$ |
| $\log a = 2,1856698$ | $\log b = 2,2024033$ |
| $a = 153^m,34$ | $b = 159^m36$ |

Calcul de la surface. $S = \frac{c^2 \sin A \sin B}{2 \sin C}$. $\log S = 2\log c + \log\sin A + \log\sin B - \log 2 - \log\sin C$

$$2\log c = 3,9814766$$
$$\log.\sin A = \bar{1},9684927$$
$$\log.\sin B = \bar{1},9852262$$
$$-\log 2 = \bar{1},6989700 \quad \ldots (\log 2 = 0,3010300)$$
$$-\log.\sin. C = \underline{0,2264388}$$
$$\log S = 3,8606043$$
$$S = 7254^{mq},45$$

144. Résoudre un triangle connaissant : $b = 98^m,34$, $c = 85^m,78$, $A = 41°55'14'',72$.

Inconnues $B$, $C$ et $S$

Calcul de $B$ et $C$. $\quad B + C = 180° - A$, $\frac{B+C}{2} = 90° - \frac{A}{2} = 69°2'22'',64$

$$\operatorname{tg}\left(\frac{B-C}{2}\right) = \frac{b-c}{b+c} \times \operatorname{cotg}\frac{A}{2}$$

$$\log\operatorname{tg}\left(\frac{B-C}{2}\right) = \log(b-c) + \log\operatorname{cotg}\frac{A}{2} - \log(b+c)$$

$b - c = 12,56$ $\qquad b + c = 184,12$. $\qquad \frac{A}{2} = 20°57'37'',36$

$$\log(b-c) = 1,0989896$$
$$\log.\cot g.\ \frac{A}{2} = 0,4167209$$
$$-\log(b+c) = \bar{3},7348990 \quad (\log(b+c) = 2,2651010)$$

$$\log.tg\left(\frac{B-C}{2}\right) = \bar{1},2506095$$
$$\frac{B-C}{2} = 10^\circ 5' 50'',12$$
$$\frac{B+C}{2} = 69^\circ 2' 22'',64$$

Additionnant, il vient : $B = 79^\circ 8' 12'',76$

Soustrayant $C = 58^\circ 56' 32'',52$

Calcul de $a$ : $a = \frac{b \sin A}{\sin B}$. $\log a = \log b + \log.\sin A - \log.\sin B$

$$\log b = 1,9927302$$
$$\log \sin. A = \bar{1},8248428$$
$$-\log.\sin.B = 0,0078429 \quad (\log.\sin.B = \bar{1},9921571)$$

$$\log a = 1,8254159$$
$$a = 66^m 90$$

Calcul de la surface. $S = \frac{bc \sin A}{2}$. $\log S = \log b + \log c + \log.\sin.A - \log.2$

$$\log b = 1,9927302$$
$$\log c = 1,9333860$$
$$\log.\sin A = \bar{1},8248428$$
$$-\log.2 = \bar{1},6989700 \quad (\log 2 = 0,3010300)$$

$$\log S = 3,4499290$$
$$S = 2817^{m.q.} 9220$$

**145.** Résoudre un triangle, connaissant : $a = 100^m 35$, $b = 147^m 51$, $c = 128^m 67$

Inconnues ABCS.

$$tg\frac{1}{2}A = \sqrt{\frac{(p-b)(p-c)}{p(p-a)}} \quad tg.\frac{1}{2}B = \sqrt{\frac{(p-a)(p-c)}{p(p-b)}} \quad tg\frac{1}{2}C = \sqrt{\frac{(p-a)(p-b)}{p(p-c}}$$

$$2p = a+b+c = 376,53$$

| | | |
|---|---|---|
| $p = 188,265$ | $\log p = 2,2747696$ | $-\log p = \bar{3},7252304$ |
| $p-a = 87,915$ | $\log(p-a) = 1,9440630$ | $-\log(p-a) = \bar{2},0559370$ |
| $p-b = 40,755$ | $\log(p-b) = 1,6101809$ | $-\log(p-b) = \bar{2},3898191$ |
| $p-c = 59,595$ | $\log(p-c) = 1,7752098$ | $-\log(p-c = \bar{2},2247902$ |

Calcul de A. $\log.tg.\frac{1}{2}A = \frac{1}{2}\log[(p-b) + \log(p-c) - \log p - \log(p-a)]$

$$\log(p-b) = 1,6101809$$
$$\log(p-c) = 1,7752098$$
$$-\log p = \bar{3},7252304$$
$$-\log(p-a) = \bar{2},0559370$$

$$\log tg \tfrac{1}{2} A = \tfrac{1}{2}\ (\bar{1},1665581) = \bar{1},5832790$$
$$\tfrac{1}{2} A = 20°57'37'',35 \ \ldots\ A = 41°55'14'',70$$

Calcul de B. $\log tg \frac{1}{2} B = \frac{1}{2}\left[\log(p-a) + \log(p-c) - \log p - \log(p-b)\right]$

$$\log(p-a) = 1,9440630$$
$$\log(p-c) = 1,7752098$$
$$-\log p = \bar{3},7252304$$
$$-\log(p-b) = \bar{2},3898191$$

$$\log tg \tfrac{1}{2} B = \tfrac{1}{2}\ (\bar{1},8343223) = \bar{1},9171612$$
$$\tfrac{1}{2} B = 39°34'6'',38 \ \ldots\ B = 79°8'12'',76$$

Calcul de C. $\log tg \frac{1}{2} C = \frac{1}{2}\left[\log(p-a) + \log(p-b) - \log p - \log(p-c)\right]$

$$\log(p-a) = 1,9440630$$
$$\log(p-b) = 1,6101809$$
$$-\log p = \bar{3},7252304$$
$$-\log(p-c) = \bar{2},2247902$$

$$\log tg \tfrac{1}{2} C = \tfrac{1}{2}\ (\bar{1},5042645) = \bar{1},7521323$$
$$\tfrac{1}{2} C = 29°28'16'',27 \ \ldots\ C = 58°56'32'',54$$

Calcul de la surface. $S = \sqrt{p(p-a)(p-b)(p-c)}$

$$\log S = \tfrac{1}{2}\left[\log p + \log(p-a) + \log(p-b) + \log(p-c)\right]$$

$$\log p = 2,2747696$$
$$\log(p-a) = 1,9440630$$
$$\log(p-b) = 1,6101809$$
$$\log(p-c) = 1,7752098$$

(vérification. $A + B + C = 180°$)

$$\log S = \tfrac{1}{2}\ (7,6042233) = 3,8021116$$
$$S = 6340^{m^2},3260$$

## Résolution de quelques problèmes de trigonométrie.

**146. Problème 1.** – Démontrer que $\operatorname{tg} a + \operatorname{tg} b = \dfrac{2 \sin(a+b)}{\cos(a+b) + \cos(a-b)}$ (1)

On sait que $\operatorname{tg} a = \dfrac{\sin a}{\cos a}$, $\operatorname{tg} b = \dfrac{\sin b}{\cos b}$

Donc $\operatorname{tg} a + \operatorname{tg} b = \dfrac{\sin a}{\cos a} + \dfrac{\sin b}{\cos b} = \dfrac{\sin a \cos b + \cos a \sin b}{\cos a \cos b} = \dfrac{\sin(a+b)}{\cos a \cos b}$

multipliant haut et bas par 2, il vient :

$$\operatorname{tg} a + \operatorname{tg} b = \frac{2 \sin(a+b)}{2 \cos a \cos b}$$

mais $\cos a \cos b - \sin a \sin b = \cos(a+b)$

et $\cos a \cos b + \sin a \sin b = \cos(a-b)$

Donc $2 \cos a \cos b = \cos(a+b) + \cos(a-b)$, et la relation (1) est démontrée.

**147. Problème 2.** Trouver entre 0° et 45° un arc $x$ tel que l'on ait :

$$\sin x + \cos x = 1,15$$

$\cos x = \sin(90° - x)$, la relation précédente peut donc s'écrire :

$$\sin x + \sin(90° - x) = 1,15$$

ou

$$2 \sin 45° \cos(45° - x) = 1,15 \qquad (130.-1°)$$

Mais $\sin 45° = \dfrac{\sqrt{2}}{2}$, donc on a :

$$\sqrt{2} \cos(45° - x) = 1,15$$

$$\cos(45° - x) = \frac{1,15}{\sqrt{2}}$$

$$\log . \cos . (45° - x) = \log . 1,15 - \tfrac{1}{2} \log 2$$

$$\log . 1,15 = 0,0606978$$

$$-\tfrac{1}{2} \log . 2 = \bar{1},8494850 \qquad \left(\tfrac{1}{2} \log 2 = 0,1505150\right)$$

$$\log \cos(45 - x) = \bar{1},9101828$$

$$45° - x = 35° 35' 34'',5$$

$$x = 9° 24' 25'',5$$

**148. Problème 3.** Calculer la valeur que prend l'expression :

$$\frac{\sin 7x}{\sin x} - 2\cos 2x - 2\cos 4x - 2\cos 6x.$$

quand on y fait : $x = 81° 27' 32'',5$.

Réduisant au même dénominateur, l'expression devient :

$$\frac{\sin 7x - (2\cos 2x \sin x + 2\cos 4x \sin x + 2\cos 6x \sin x)}{\sin x} \qquad (1)$$

Mais on sait que $\sin a \cos b + \cos a \sin b = \sin(a+b)$

et $\sin a \cos b - \cos a \sin b = \sin(a-b)$

Retranchant, il vient : $2\cos a \sin b = \sin(a+b) - \sin(a-b)$

Faisant successivement $a = 2x, 4x, 6x$ et $b = x$, on trouve :

$$2\cos 2x \sin x = \sin 3x - \sin x$$
$$2\cos 4x \sin x = \sin 5x - \sin 3x$$
$$2\cos 6x \sin x = \sin 7x - \sin 5x.$$

D'où ajoutant et simplifiant : $2\cos 2x \sin x + 2\cos 4x \sin x + 2\cos 6x \sin x = \sin 7x - \sin x$

Remplaçant dans (1) il reste pour l'expression proposée :

$$\frac{\sin x}{\sin x}, \text{ ou } 1.$$

ce qui prouve que sa valeur est égale à l'unité, quel que soit $x$.

149. Problème 4. – Trouver le rapport de la surface d'une zone tempérée à celle de la terre, en supposant que les parallèles qui la limitent sont situés l'un à 23°30' du pôle, l'autre à 23°30' de l'équateur.

Soient (fig. 11) $cc'$, $TT'$ les parallèles qui limitent la zone en question.

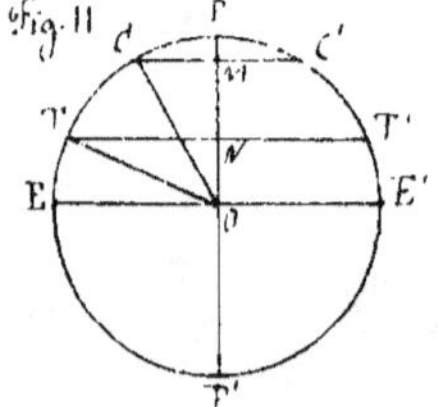


Sa hauteur est $MN$, et l'on a, en appelant $R$ le rayon de la terre :

$$\text{Surf. zone} = 2\pi R \times MN$$

Or $MN = MO - ON$. $MO = R\cos 23°30'$ et $ON = R\sin 23°30'$

Donc $MN = R(\cos 23°30' - \sin 23°30')$

ou, remarquant que le complément de 23°30' est 66°30'

$$MN = R(\cos 23°30' - \cos 66°30')$$

On peut encore écrire $MN = R \times 2\sin 45° \sin 21°30'$ (130.-4°)

mais $2\sin 45° = \sqrt{2}$, donc enfin $MN = R\sqrt{2}\sin 21°30'$, et

$$\text{Surf. zone} = 2\pi R^2\sqrt{2}\sin 21°30'$$

D'autre part surface terre $= 4\pi R^2$, donc, en appelant $x$ le rapport demandé :

$$x = \frac{2\pi R^2\sqrt{2}\sin 21°30'}{4\pi R^2} = \frac{\sqrt{2}\sin 21°30}{2}$$

$$\log x = \tfrac{1}{2}\log 2 + \log \sin 21°30 - \log 2.$$

$$\tfrac{1}{2}\log 2 = 0,1505150$$
$$\log \sin 21^\circ 30' = \bar{1},5640754$$
$$-\log 2 = \bar{1},6989700 \qquad (\log 2 = 0,3010300)$$
$$\log x = \bar{1},4135604$$
$$x = 0,2591555.$$

150. Problème 5. Calculer le volume engendré par la révolution d'un secteur circulaire AOB (fig. 12) tournant autour de OA, en supposant le rayon $OA = 3^m$, et l'angle au centre $\alpha = 23^\circ 37'$

Fig. 12

Le volume demandé est celui d'un secteur sphérique, donc :

$$\text{vol } AOB = \tfrac{2}{3}\pi R^2 \times AC \qquad (107)$$

mais $AC = R - OC = R - R\cos\alpha = R(1-\cos\alpha)$

$$1-\cos\alpha = \cos 0^\circ - \cos\alpha = 2\sin^2\tfrac{1}{2}\alpha \qquad (130.-4^\circ)$$

Donc $AC = 2R\sin^2\tfrac{1}{2}\alpha$ et $\text{vol } AOB = \tfrac{4}{3}\pi R^3 \sin^2\tfrac{1}{2}\alpha$

Remplaçant R et $\alpha$ par leurs valeurs, on a :

$$\text{Vol } AOB = \tfrac{4}{3}\pi 3^3 \sin^2 11^\circ 48' 30''$$

$$\text{Log Vol} = \log 4 + \log\pi + 3\log 3 + 2\log\sin 11^\circ 48' 30 - \log 3$$
$$\log 4 = 0,6020600$$
$$\log\pi = 0,4971499$$
$$3\log 3 = 1,4313636 \qquad (\log 3 = 0,4771212)$$
$$2\log\sin 11^\circ 48' 30'' = \bar{2},6219744 \qquad (\log\sin 11^\circ 48' 30'' = \bar{1},3109872)$$
$$-\log 3 = \bar{1},5228788$$
$$\text{Log } V = 0,6754267$$
$$V = 4^{mc}736163$$

151. Problème 6. – Calculer le volume engendré par le triangle équilatéral ABC (fig. 13) tournant autour d'un axe xy situé dans son plan et faisant avec AB un angle de 18°. On suppose $AB = 7^m 35$

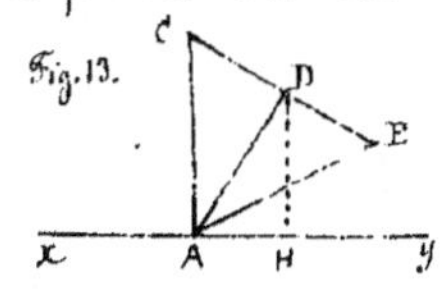


Soit a le côté du triangle ABC, on a

$$\text{Vol } ABC = \text{surf } CB \times \tfrac{1}{3} AD \qquad (106)$$
$$\text{Surf. } CB = CB \times 2\pi DH \qquad (99)$$

Mais dans le triangle ADH, $DH = AD \sin 48°$

Donc $\text{vol } ABC = \frac{2}{3}\pi\,\overline{AD}^2 \times a \times \sin 48°$

or $\overline{AD}^2 = a^2 - \frac{a^2}{4} = \frac{3a^2}{4}$, Donc $\text{Vol. } ABC = \frac{2}{3}\pi \times \frac{3a^2}{4} \times a \sin 48° = \frac{1}{2}\pi a^3 \sin 48°$

et comme $a = 7^{m}35$

$$\text{vol } ABC = \frac{1}{2}\pi \times 7{,}35^3 \times \sin 48°$$

$$\text{Log } V = \log \pi + 3\log 7{,}35 + \log \sin 48° - \log 2$$

$$\begin{aligned} \log \pi &= 0{,}4971499 \\ 3\log 7{,}35 &= 2{,}5988619 \quad (\log 7{,}35 = 0{,}8662873) \\ \log \sin 48° &= \bar{1}{,}8710735 \\ -\log 2 &= \bar{1}{,}6989700 \quad (\log 2 = 0{,}3010300) \\ \hline \log V &= 2{,}6660553 \\ V &= 463^{mc}506 \end{aligned}$$

152. Problème 7. Résoudre l'équation $24508{,}75 \sin x + 89524{,}67 \cos x = 89785$

Soit $24508{,}75 = a$, $89524{,}67 = b$, $89785 = c$, on aura

$$a \sin x + b \cos x = c$$

$$\sin x + \frac{b}{a}\cos x = \frac{c}{a}$$

Posant $\frac{b}{a} = \text{tg } \varphi$, il vient successivement

$$\sin x + \text{tg } \varphi \cos x = \frac{c}{a}$$

$$\sin x + \frac{\sin \varphi}{\cos \varphi}\cos x = \frac{c}{a}$$

$$\frac{\sin x \cos \varphi + \sin \varphi \cos x}{\cos \varphi} = \frac{c}{a}$$

$$\sin(x+\varphi) = \frac{c}{a}\cos \varphi$$

$$\text{Log } \sin(x+\varphi) = \log c + \log \cos \varphi - \log a$$

Calcul de $\varphi$. On a posé $\frac{b}{a} = \text{tg } \varphi$; donc

$$\begin{aligned} \log \text{tg } \varphi &= \log b - \log a \\ \log b &= 4{,}9519427 \\ -\log a &= \bar{5}{,}6106788 \quad (\log a = 4{,}3893212) \\ \hline \log \text{tg } \varphi &= 0{,}5626215 \\ \varphi &= 74°41'22'',3 \end{aligned}$$

Calcul de log. sin $(x+y')$

$$\begin{aligned} \log c &= 4,9532038 \\ \log\cos y' &= \bar{1},4216851 \\ -\log a &= \bar{3},6106788 \\ \hline \log\sin(x+y') &= \bar{1},9855677 \\ x+y' &= 75^\circ 18' 38'' \end{aligned}$$

$$x = 75^\circ 18' 38 - y' = 75^\circ 18' 38'' - 74^\circ 41' 22'',3 = 0^\circ 37' 15'',7$$

Il y a une seconde solution, car le sinus ayant pour logarithme $\bar{1},9855677$ appartient aussi à l'arc $180^\circ - 75^\circ 18' 38''$, ou $104^\circ 41' 22''$ (122)

On a donc aussi: $\quad x+y' = 104^\circ 41' 22''$

$$x = 104^\circ 41' 22'' - y'$$

$$x = 29^\circ 59' 59'',7$$

**153. Problème 8.** Calculer la valeur que doit avoir le rayon d'un cercle pour que la différence entre un arc de ce cercle valant $80^m$ et sa corde soit moindre que $0^m,001$

Soit ACB (fig. 14) l'arc donné égal à $80^m$, on doit avoir:

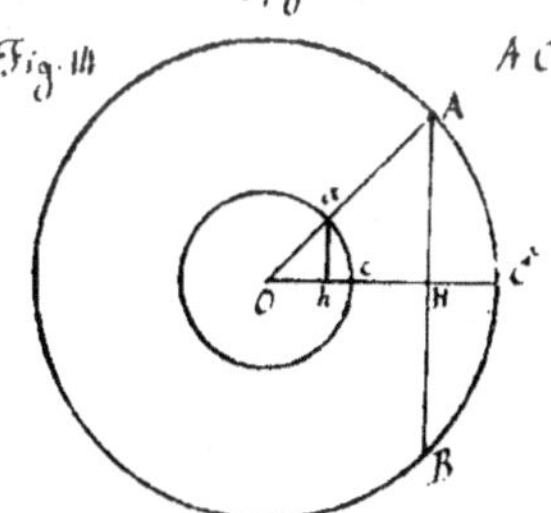


$$ACB - AB < 0,001$$

Abaissons OC perpendiculaire sur AB

$$AC = \frac{ACB}{2}, \quad AH = \frac{AB}{2}$$

L'inégalité devient donc, en divisant par 2

$$AC - AH < 0,0005$$

On divisant tous les termes par R, valeur du rayon cherché

$$\frac{AC}{R} - \frac{AH}{R} < \frac{0,0005}{R} \qquad (1)$$

Du point O comme centre, avec l'unité pour rayon, décrivons un cercle et abaissons ah perpendiculaire sur OC, on voit que

$$ac = \frac{AC}{R}, \quad ah = \frac{AH}{R}$$

Remplaçant dans l'inégalité (1) elle devient

$$ac - ah < \frac{0,0005}{R} \qquad (2)$$

mais ah est le sinus de l'arc ac, et l'on sait (131) que la différence entre un arc positif moindre que $90^\circ$ et son sinus est moindre que le quart du cube de l'arc; on a donc $ac - ah < \frac{\overline{ac}^3}{4}$

Il en résulte que si l'on trouve une valeur de R satisfaisant à l'inégalité

$$\frac{\overline{ac}^3}{4} < \frac{0,0005}{R} \qquad (3)$$

on satisfera a fortiori à l'inégalité (2) et par suite à la proposée.

Or $ac = \frac{AC}{R} = \frac{40}{R}$, donc $\overline{ac}^3 = \frac{40^3}{R^3}$, transposant dans (3), on a.

$$\frac{40^3}{4R^3} < \frac{0,0005}{R}$$

d'où l'on tire $R > \sqrt{32000000}$ c'est à dire $R > 5656^{m}854$

Le rayon du cercle doit donc être plus grand que $5656^{m}854$.

---

# Tableau récapitulatif des formules les plus importantes.

## Arithmétique.

Intérêts simples $I = \frac{ait}{100}$

## Algèbre.

$(a+b)^2 = a^2+b^2+2ab$

$(a-b)^2 = a^2+b^2-2ab$

$(a+b)^3 = a^3+3a^2b+3ab^2+b^3$

$(a-b)^3 = a^3-3a^2b+3ab^2-b^3$

$(a+b)(a-b) = a^2-b^2$

$\frac{x^m-a^m}{x-a} = x^{m-1}+ax^{m-2}+a^2x^{m-3}+\dots+a^{m-1}$

Équations du 2e degré. $x^2+px+q=0$

$x = -\frac{p}{2} \pm \sqrt{\frac{p^2}{4}-q}$

$x'+x''=-p \qquad x'x''=q$

$ax^2+bx+c=0$

$x = \frac{-b\pm\sqrt{b^2-4ac}}{2a}$

ou si $b=2b'$, $x = \frac{-b'\pm\sqrt{b'^2-ac}}{a}$

$x'+x''=-\frac{b}{a} \qquad x'x''=\frac{c}{a}$

$x^2+px+q=(x-x')(x-x'')$

$ax^2+bx+c = a(x-x')(x-x'')$

Progressions arithmétiques.

$l = a+(n-1)r \qquad S = \frac{(a+l)n}{2}$

Progressions géométriques.

$l = aq^{n-1} \qquad S = \frac{lq-a}{q-1} = \frac{a(q^n-1)}{q-1}$

$q<1$ et $n=\infty$, $S = \frac{a}{1-q}$

Intérêts composés. $A = a(1+r)^n$

Annuités $a = \frac{Ar(1+r)^n}{(1+r)^n-1}$

## Géométrie.

| | | |
|---|---|---|
| Côté | du carré inscrit | $R\sqrt{2}$ |
| | de l'hexagone régulier | $R$ |
| | du triangle équilatéral inscrit | $R\sqrt{3}$ |
| Circonférence de cercle | | $2\pi R$ |
| Arc de $n°$ | | $\frac{\pi R n}{180}$ |
| Surface rectangle | | $b\times h$ |
| — | parallélogramme | $b\times h$ |
| — | triangle | $\frac{b\times h}{2}$ |
| — | trapèze | $\frac{B+b}{2}\times h$ |
| — | triangle équilatéral de côté a | $\frac{a^2\sqrt{3}}{4}$ |

## Géométrie (suite).

| | | |
|---|---|---|
| Surface cercle | | $\pi R^2$ |
| — | secteur de $n°$ | $\frac{\pi R^2 n}{360}$ |
| Volume | parallélipipède | $B\times H$ |
| — | prisme | $B\times H$ |
| — | pyramide | $\frac{B\times H}{3}$ |
| — | tronc de pyramide | $\frac{1}{3}H(B+B'+\sqrt{BB'})$ |
| — | cylindre | $\pi R^2 H$ |
| Surf. latérale cylindre | | $2\pi R H$ |
| Volume cône | | $\frac{1}{3}\pi R^2 H$ |
| Surf. latérale cône | | $\pi R a$ |
| Volume tronc de cône | | $\frac{1}{3}\pi H(R^2+R'^2+RR')$ |
| Surface latérale tronc de cône | | $\pi(R+R')a$ |
| Surface zone | | $2\pi R H$ |
| d° | sphère | $4\pi R^2$ |
| Volume secteur sphérique | | $\frac{2}{3}\pi R^2 H$ |
| — | sphère | $\frac{4}{3}\pi R^3$ ou $\frac{1}{6}\pi D^3$ |

## Trigonométrie.

$\sin^2 a + \cos^2 a = 1 \qquad tg\, a = \frac{\sin a}{\cos a} \qquad \sec a = \frac{1}{\cos a}$

$\cotg a = \frac{\cos a}{\sin a} \qquad \cosec a = \frac{1}{\sin a}$

$\sin(a\pm b) = \sin a \cos b \pm \cos a \sin b$

$\cos(a\pm b) = \cos a \cos b \mp \sin a \sin b$

$tg(a\pm b) = \frac{tg\, a \pm tg\, b}{1\mp tg\, a\, tg\, b}$

$\sin 2a = 2\sin a\cos a$, $\cos 2a = \cos^2 a - \sin^2 a$ ; $tg\, 2a = \frac{2\, tg\, a}{1-tg^2 a}$

$\sin\frac{1}{2}a = \pm\sqrt{\frac{1-\cos a}{2}} \qquad \cos\frac{1}{2}a = \pm\sqrt{\frac{1+\cos a}{2}}$

$\sin p + \sin q = 2\sin\frac{1}{2}(p+q)\cos\frac{1}{2}(p-q)$

$\sin p - \sin q = 2\sin\frac{1}{2}(p-q)\cos\frac{1}{2}(p+q)$

$\cos p + \cos q = 2\cos\frac{1}{2}(p+q)\cos\frac{1}{2}(p-q)$

$\cos q - \cos p = 2\sin\frac{1}{2}(p+q)\sin\frac{1}{2}(p-q)$

Triangles rectangles. $a$ = hypoténuse

$b = a\sin B$ ou $= a\cos C$ ; $b = c\, tg\, B$ ou $= c\cotg C$ ; $B + C = 90°$

Triangles quelconques

$\frac{a}{\sin A} = \frac{b}{\sin B} = \frac{c}{\sin C} \qquad A+B+C = 180°$

$a^2 = b^2+c^2-2bc\cos A$

$tg\frac{1}{2}A = \sqrt{\frac{(p-b)(p-c)}{p(p-a)}}$

$S = \frac{bc\sin A}{2}$

$S = \frac{a^2\sin B\sin C}{2\sin A}$

$S = \sqrt{p(p-a)(p-b)(p-c)}$

# Énoncés de Problèmes

## donnés en composition aux examens du Baccalauréat.

---

### Arithmétique.

1. 50 ouvriers travaillant 5 h ½ par jour pendant 18 jours, ont élevé un mur dont les dimensions sont 3m, 125m, 0m 50 ; combien de jours faudra-t-il à 33 ouvriers, travaillant 10 heures par jour pour construire un mur ayant pour dimensions 4m, 217m, 0m 75

2. Quel est le capital qui, placé à 5 ½ p% pendant 8 mois 10 jours, a produit un intérêt de 238 f.

3. A quel taux était placé un capital de 3227 f 50 qui a produit 147 f 25 c en 9 mois 10 jours

4. Un capital de 5372 f a produit 103 f 25 c d'intérêt au bout de 5 mois 10 jours ; combien un capital de 3758 f produirait-il au même taux au bout de 7 mois 13 jours

5. Une personne emprunte 1000 fr. ; elle doit rendre : 300 fr. dans 6 mois, 300 fr. dans 8 mois, 300 fr. dans 10 mois, et 100 fr. dans un an. Quelle somme le prêteur devra-t-il remettre à la personne s'il prélève d'avance les intérêts, eu égard aux remboursements successifs. Le taux est 5 %

### Algèbre.

6. Résoudre les équations : $2x - 3y - z = 1$, $3x + 2y - 2z = 13$, $5x - 4y - 2z = 11$

7. Résoudre les équations : $3z + 2u - 5y = 18$, $3x + y - 4u = 9$
$x + 7z - 6y = 33$, $5z - 2x - 8y + 2u = 15$.

8. Résoudre les équations $\frac{x}{3} + \frac{y}{5} + \frac{2z}{7} = 58$, $\frac{5x}{4} + \frac{y}{6} + \frac{z}{3} = 76$, $\frac{x}{2} - \frac{y}{5} + \frac{7z}{40} = \frac{147}{5}$

9. On a deux points A et B distants de 225 Kilomètres. Les 100 Kilog. de charbon coutent en A 3 f 75 et en B 4 f 25. On demande : 1° quel est le point de la ligne AB où le charbon coûte le même prix, qu'il vienne de A ou de B ; 2° de démontrer que ce point est celui où le charbon coûte le plus cher.

Le prix du transport est de 0f,08c par Kilom. et par 1000 Kilogr.

10. Un convoi part à 8h 20' pour faire un trajet de 471 Kilom. qu'il fait en 16h 40'. Quelle vitesse doit avoir un autre convoi qui part à 9h 40' pour atteindre le premier à 356 Kilom du point de départ ?

11. Résoudre l'équation $\frac{x}{a} + \frac{a}{x} = \frac{x}{b} + \frac{b}{x}$

12. d° d° $\frac{x-a}{2a} = \frac{2b}{2x+a}$

13. d° d° $\frac{7x+10}{x-2} = \frac{5x}{12} + \frac{35}{6}$

14. Partager 590 en deux parties dont le produit = 80464.

15. Trouver deux nombres, connaissant leur somme 7 et la somme 25 de leurs carrés.

16. La somme de deux nombres est 63, la somme de leurs rapports direct et inverse est 2,05 ; quels sont ces deux nombres ?

17. Résoudre l'équation $x - 5 = \sqrt{x+1}$

18. Trouver un nombre qui surpasse sa racine carrée de 156

19. Résoudre l'équation $x^2 - 879x + 85137 = 0$.

20. Résoudre les équations $2x^2 - 3y^2 = 7854$ $\quad xy = 8529$

21. d° d° $x^2 \cdot y^2 = 2,297$ $\quad xy = 3,247$

22. d° d° $x - y = 1,023$ $\quad x^2 + y^2 = 13,196$

23. d° d° $xy^2 = 18$ $\quad x + y^2 = 11$

24. $x - y = 17$ $\quad x^3 - y^3 = 29393$

25. Trouver les racines réelles de l'équation $x^6 - 19x^3 - 216 = 0$.

26. Trouver les trois côtés et la surface d'un triangle rectangle dont les côtés sont trois nombres entiers consécutifs.

27. Partager 12 en deux parties telles que la plus grande soit moyenne proportionnelle entre 12 et la plus petite. — Calculer à 0,001 près.

28. Deux lumières sont distantes de 6 mètres ; l'intensité de la 1re étant 1, celle de la seconde est 4,5 à l'unité de distance. On demande à quelle distance de la seconde il faut placer un écran sur la ligne qui joint les deux lumières, pour qu'il soit également éclairé.

29. Calculer la profondeur d'un puits, sachant qu'il s'est écoulé 58" entre l'instant où l'on a laissé tomber une pierre dans ce puits et celui où l'on a entendu le bruit de sa chute. La vitesse du son est 340m, et l'intensité de la pesanteur est 9,8088

**30.** Démontrer que si le polynome $x^3+px^2+qx+r$ se réduit à zéro par l'hypothèse $x=a$ il est divisible par $x-a$. Décomposer ensuite ce polynome en 3 facteurs du 1er degré en $x$.

**31** Partager 17,25 en deux parties dont la somme des carrés égale $(14,50)^2$

**32.** Trouver la valeur de $x$ qui rend minimum $a^2x^2-2abx+2b^2$

**33.** — — maximum $-a^2x^2+2abx+2b^2$

**34.** Trouver les valeurs de $x$ qui rendent maximum ou minimum $\frac{3x^2-3x+1}{5x^2-4x+1}$

**35.** — — — $\frac{x^2+2x-3}{x^2-2x+3}$

**36.** — — — $\frac{x^2+2x-4}{6x-8}$

**37.** — — — $\frac{6x^2-4x+3}{x^2-4x+1}$

**38.** — — — $\frac{x^2+1}{x}$

**39.** — — — $\frac{x^2}{x+1}$

**40.** — — — $\frac{x^2-2}{x+4}$

**41.** — — — $\frac{x^2-x-4}{x-1}$

**42.** Partager 27 en deux parties telles que 4 fois le carré de la première plus 5 fois le carré de la seconde, soit minimum.

**43.** Partager 1225 en deux parties telles que 3 fois la racine carrée de la première, plus 4 fois le carré de la seconde soit minimum.

**44.** Partager 87 en trois parties formant une progression arithmétique ayant 7 pour dernier terme et 3 pour raison. Calculer le dernier terme

**45.** Deux mobiles partent en même temps de deux points A et B et marchent sur AB dans le même sens, A poursuivant B. Le premier parcourt 1m dans la première minute, 3m dans la seconde, 5m dans la troisième, &c.; le second parcourt 3m dans la première minute, 4m dans la seconde, 5 dans la 3e &c. Au bout de combien de temps le premier atteindra-t-il le second en supposant AB = 75m ?

**46.** Combien faut-il prendre de termes dans la progression ÷ 5.9.13.17.... pour que leur somme soit égale à 10677 ?

**47.** Trouver les trois côtés d'un triangle rectangle sachant qu'ils forment une progression arithmétique ayant 25 pour raison.

**48.** Partager 195 en trois parties formant une progression géométrique et telle que la 3e surpasse la 1re de 120

49. Insérer 4 moyens géométriques entre 17,524 et 39,815. Calculer à 0,001 près.

50. Trouver le nombre correspondant au log. $\bar{2}$,278447.

51. Calculer à l'aide des tables et sous forme de fraction décimale la racine cubique de $\frac{33}{72586}$

52. Résoudre les équations $x^2 + y^2 = 7$. $\log x + \log y = \frac{1}{2}$

53. Calculer par logarithme l'expression $x = \frac{31,071 \times 21,372 \times 7,259}{0,515 \times 0,719 \times 0,021}$

54. Que deviennent 160000f à intérêts composés à 5% en 14 ans ?

55. Combien rapporte en 8 ans un capital de 3625 placé à intérêts composés à 5% ?

56. Quelle somme faut-il placer pendant 15 ans à intérêts composés à 5% pour avoir 25433f

57. Une somme de 2682f 48c, placée à intérêts composés pendant 8 ans a augmenté de 1546f 73. A quel taux était-elle placée ?

58. Pendant combien de temps un capital de 7872f doit-il rester placé à 5% pour devenir 12328f ?

59 Au bout de combien de temps un capital placé à intérêts composés à 5% est-il triplé

60. Quelle est l'annuité à payer pour éteindre en 10 ans une dette de 17683f 35c ; le taux étant 5%

61. Remplacer par une somme unique payée immédiatement 6 annuités de 325 fr. chacune, le taux étant 5 %

62. Remplacer 7 annuités de 6000 fr. chacune par une somme unique payée dans trois ans, le taux étant 4½ %

## Géométrie

63. Étant donnés un angle et un point, mener par le point une droite qui retranche des côtés de l'angle à partir du sommet deux segments égaux.

64. Étant donnés deux parallèles et un point, mener par le point une droite dont la partie comprise entre les deux parallèles soit

d'une longueur donnée.

65. Démontrer que les bissectrices des suppléments de deux angles d'un triangle et la bissectrice du 3e angle concourent en un même point.

66. Les bissectrices de deux angles d'un triangle se coupent en un point O, les bissectrices de leurs suppléments se coupent en O'; prouver que la ligne OO' prolongée passe par le sommet du 3e angle du triangle.

67. Trouver le centre d'un cercle qui doit être tangent à une droite donnée en un point donné, et qui doit passer par un point donné en dehors de la droite.

68. Démontrer que le milieu de l'hypoténuse d'un triangle rectangle est à égale distance des trois sommets.

69. Par un point d'une circonférence on mène des cordes que l'on prolonge de quantités respectivement égales à elles mêmes, prouver que les extrémités des prolongements sont sur une circonférence.

70. On a une circonférence et deux tangentes issues du même point, on prend un point sur l'arc convexe compris entre les points de contact, et l'on mène par ce point une troisième tangente; prouver que le périmètre du triangle ainsi formé est constant.

71. Quelle fraction de la circonférence est un arc de 27°17'32"?

72. Calculer l'angle d'un polygone régulier de 17 côtés. Y a-t-il dans un pareil polygone deux côtés parallèles? Calculer le plus petit angle formé par deux côtés prolongés.

73. Étant données deux circonférences qui se coupent (fig 15), on mène une sécante PAB et l'on joint QA, QB; démontrer que l'angle AQB formé par les cordes AQ, QB, est constant.

Fig. 15.

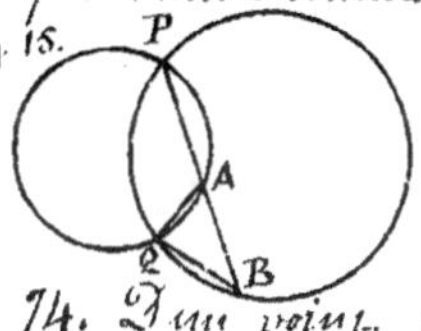

74. D'un point pris hors d'un cercle, on mène des sécantes; quel est le lieu géométrique des milieux des cordes interceptées?

75. Démontrer que l'angle A d'un triangle est droit lorsque la ligne qui joint le sommet A au milieu du côté opposé est égale à la moitié de ce côté?

76. Les rayons de deux cercles étant 0m,02 et 0m,05, quelle doit être

la distance de leurs centres pour qu'une tangente commune intérieure forme avec la ligne des centres un angle de 30°

77. Les rayons de deux cercles concentriques valent 36m et 20m. Calculer la longueur d'une corde du grand cercle tangente au petit.

78. Deux observateurs placés à bord de deux navires élevés de 3m au-dessus du niveau de la mer cessent de se voir à la distance de 12.600 mètres, en déduire une valeur approchée du rayon de la terre.

79. A quelle distance en pleine mer s'étend la vue d'un homme placé au-dessus du niveau de la mer. On suppose le rayon de la surface de la mer égal à 6366198 mètres.

80. Mener par le centre d'un cercle une oblique CD sur une tangente en un point A telle que la partie BE comprise entre la circonférence et la tangente soit égale à la moitié de AD.

81. Calculer à 0m001 près la longueur d'une tangente commune à deux cercles, sachant que les rayons valent 58m et 13m, et la distance des centres = 126m.

82. On a deux cercles dont les rayons sont 62m et 48m, et dont la distance des centres = 165m; calculer à 0m001 près la portion comprise entre les deux cercles d'une droite parallèle à la ligne des centres, et menée à 30m de cette ligne.

83. Les deux bases d'un trapèze valent 738m et 548m; les deux autres côtés valent chacun 203m. Calculer à 0m001 près la longueur des diagonales.

84. Dans un triangle rectangle, un angle aigu = 60° et le côté opposé = 1 mètre; calculer à 0m01 près la valeur de l'autre côté de l'angle droit.

85. Dans un triangle rectangle, les deux côtés de l'angle droit valent 1 mètre et 2 mètres. Calculer à 0m01 près le rayon du cercle inscrit.

86. Du sommet de l'angle droit d'un triangle rectangle, on abaisse une perpendiculaire sur l'hypoténuse. Calculer la longueur de cette perpendiculaire et celles des deux segments de l'hypoténuse.

en fonction des côtés de l'angle droit.

**87.** Dans un cercle de 26$^m$ de rayon, on mène un diamètre et une corde perpendiculaire à ce diamètre et dont la longueur = 24$^m$. Calculer les deux segments du diamètre.

**88.** On prolonge le rayon d'un cercle = 5$^m$,7 d'une quantité égale à 2$^m$,4. Par l'extrémité du prolongement, on mène deux tangentes au cercle, et l'on joint entre eux les points de contact. Calculer la longueur de la ligne ainsi obtenue ainsi que sa distance au centre.

**89.** Deux cordes d'un cercle se coupent; les deux parties de l'une valent respectivement 1$^m$, 2$^m$ et 2$^m$,1, la différence entre les deux parties de l'autre est 1$^m$,84; calculer la longueur de cette dernière corde.

**90.** On a une circonférence dont le rayon = 1$^m$ et un point éloigné du centre de 8$^m$; mener par ce point une sécante telle que la corde interceptée soit égale au rayon du cercle. Calculer à 0$^m$,01 près la partie extérieure de la sécante.

**91.** Mener par un point pris sur une circonférence une tangente telle que sa longueur soit double de la partie extérieure d'une sécante passant par le centre et par l'extrémité de la tangente demandée.

**92.** Déterminer sur une tangente à un cercle de rayon = 3$^m$,015 un point tel qu'une sécante menée au cercle par ce point et le centre soit partagée en deux parties égales au point où elle rencontre le cercle.

**93.** Partager une droite AB en parties proportionnelles à 2, $\frac{3}{4}$, $\frac{1}{2}$.

**94.** Étant données deux droites parallèles sur lesquelles sont pris deux systèmes de trois points A, B, C; A', B', C'; on a AB = 2$^m$, BC = 5$^m$; A'B' = 1$^m$,24, B'C' = 3$^m$10; et l'on demande si les droites AA', BB', CC', iront se couper au même point.

**95** On mène une droite par les milieux des côtés parallèles d'un trapèze; démontrer que cette ligne et les côtés non parallèles étant prolongés, iront se rencontrer au même point.

**96** Par un des points d'intersection de deux circonférences sécantes, on mène trois cordes communes, démontrer que les triangles formés en joignant leurs extrémités sont semblables.

97. D'un point pris en dehors d'un cercle, on mène des droites terminées à la circonférence, et on les partage en parties proportionnelles entre elles ; démontrer que les points de division sont sur une circonférence

98. 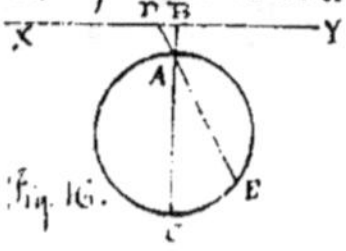 La ligne BC (fig. 16) étant perpendiculaire sur XY, on mène une sécante DE ; prouver que le produit AD × AE est constant.

Fig. 16.

99. On a un quadrilatère ABCD (fig. 17), rectangle en B et en D ; du point M, milieu de AC, on abaisse les perpendiculaires MP, MQ sur les côtés CD, CB : prouver que $\frac{MP}{AD}+\frac{MQ}{AB}=1$.

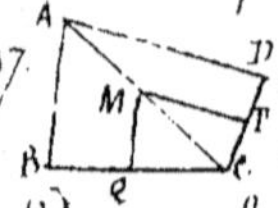

Fig. 17.

100. Deux cercles O, O', extérieurs étant donnés : on propose 1° de trouver sur la ligne des centres un point P tel que les tangentes PA, PA', soient égales ; 2° de démontrer que tous les points de la perpendiculaire MN menée par le point P sur la ligne des centres OO' jouissent de la même propriété que ce point, c'est-à-dire que les tangentes menées d'un point quelconque de cette ligne aux deux cercles sont égales.

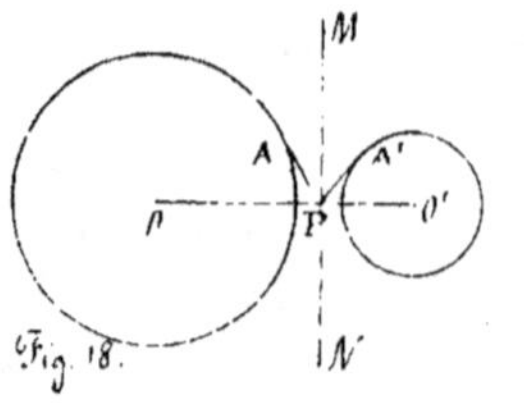

Fig. 18.

101. On joint les milieux des côtés d'un triangle ; démontrer que le triangle ainsi formé est semblable au premier. Déterminer le rapport des surfaces des deux triangles.

102. Le côté d'un carré est égal à la diagonale d'un autre carré ; quel est le rapport des surfaces des deux figures ?

103. La surface d'un rectangle = 23$^{mq}$,985, sa base est à sa hauteur comme 5 est à 3 ; chercher la base et la hauteur à 0$^m$,001 près.

104. Les deux côtés de l'angle droit d'un triangle rectangle valent 5$^m$,7, et 8$^m$,2 ; du sommet de l'angle droit on abaisse une perpendiculaire sur l'hypoténuse, trouver la surface de chacun des deux triangles ainsi formés

105. Calculer la surface d'un triangle dont les côtés sont 385$^m$, 308$^m$ 321$^m$.

106 Partager un triangle, au moyen de lignes partant du sommet et aboutissant à la base, en trois parties qui soient entre elles comme 2, 3, 5.

107. Étant donnée une droite indéfinie AB et un point C dont la distance à la droite est $28^m$, on décrit un arc de cercle du point C comme centre avec un rayon égal à $53^m$. On joint le point C aux points de rencontre de l'arc de cercle avec la droite AB, et l'on demande la surface du triangle ainsi formé, ainsi que le côté du carré équivalent.

108. Mener par le sommet d'un triangle dont la base $= 2^m$ et la hauteur $= 1^m$, une droite aboutissant au côté opposé et qui forme deux triangles tels que leur somme ou leur différence soit au rectangle des deux segments de la base comme $m$ est à $n$.

109. Partager un triangle en deux parties équivalentes par une parallèle à sa base.

110. Partager un triangle en trois parties équivalentes par deux parallèles à la base.

111. Trouver le côté d'un pentagone formé par un carré et un triangle équilatéral ayant un côté commun, sachant que sa surface $= 3^h 36^a$.

112. Deux triangles équilatéraux ont respectivement pour côtés $43^m,57$ et $68^m,35$ ; calculer à $0^m,01^c$ près le côté d'un troisième triangle équilatéral dont la surface est égale à la somme des surfaces des deux premiers.

113. Étant donné un point sur l'un des côtés d'un triangle, mener par ce point une droite qui partage la surface du triangle en deux parties équivalentes.

114. Mener dans un triangle dont la base $= b$ et la hauteur $= h$ deux parallèles à la base telles que leur différence $= \delta$ et que la surface du trapèze qu'elles comprennent $= K^2$. Conditions de possibilité du problème.

115 Prouver que le triangle qui a pour base l'un des côtés non parallèles du trapèze et pour sommet le milieu du côté opposé est la moitié d'un trapèze.

**116.** L'une des bases d'un trapèze = $10^m$, sa hauteur = $4^m$ et sa surface $32^{mq}$ ; quelle est la longueur d'une parallèle distante de $1^m$ de la base donnée ?

**117.** Les deux bases d'un trapèze valent $12^m$ et $7^m$ ; calculer la position d'une parallèle aux bases qui divise le trapèze en deux parties équivalentes.

**118.** Par un point pris sur l'une des bases d'un trapèze, mener une droite qui partage la figure en deux parties équivalentes.

**119.** Déterminer la surface d'un trapèze, sachant que : 1° la hauteur est moyenne arithmétique entre les deux bases ; 2° la différence de celles-ci est $1^m$ ; 3° la grande base est l'hypoténuse d'un triangle rectangle dont la petite base et la hauteur sont les deux côtés de l'angle droit.

**120.** Dans un trapèze la grande base = $18^m$ ; les angles adjacents valent chacun 45°, et les côtés non parallèles valent $7^m$. Calculer l'aire du trapèze et celle du triangle formé par la petite base et les côtés non parallèles prolongés.

**121.** Dans un trapèze (fig. 19) AB = $3^m$, CD = $5^m$. Sur quel point de la diagonale CB faut-il mener la parallèle KG à AC pour que les surfaces ACGK, GKDB, soient comme 3 est à 2.

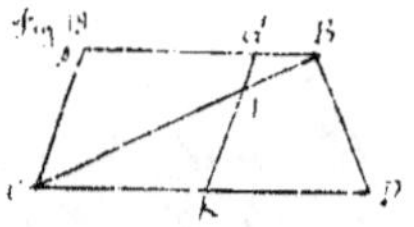

Fig. 19

**122.** Dans un trapèze (fig. 20) AB = $1^m$, AC = $2^m$, CD = $3^m$. On demande de déterminer dans quel rapport la ligne AC est divisée par la parallèle IK qui divise le trapèze en deux parties équivalentes.

Fig. 20

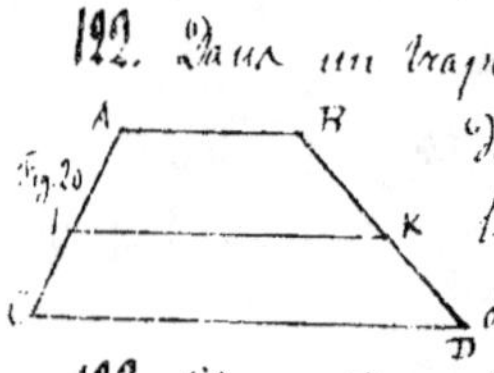

**123.** Étant données les bases b, b', d'un trapèze, calculer les surfaces des trois trapèzes obtenus en menant deux parallèles aux bases par les points de division de la hauteur partagée en trois parties égales.

**124.** Dans un trapèze ABCD (fig. 21), on mène une ligne IK. On a AB = $3^m,15$, DC = $1^m,65$, DI = $0^m,70$ et la hauteur = $2^m$. De plus on sait que la partie

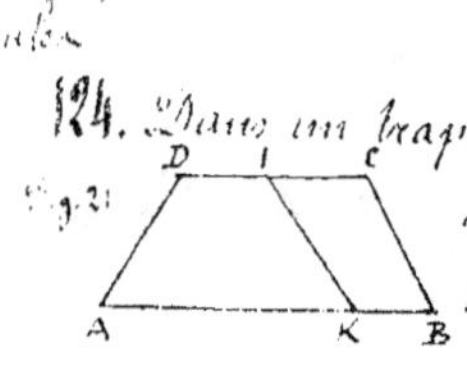

Fig. 21

IKCB est le tiers de l'autre DAKI ; calculer KB.

125. Dans un trapèze ABCD (fig. 21), on a AB = 612$^m$, CD = 417$^m$, AD = 376$^m$ et l'angle A = 30°. Calculer la surface du trapèze.

126. La hauteur d'un trapèze = 10 mètres ; sa surface est égale au rectangle des bases ; de plus 2 fois la base inférieure plus 3 fois la base supérieure font quatre fois la hauteur. Calculer les deux bases.

127. Un trapèze dont on connaît les bases b, b', et la hauteur h a deux angles droits, déterminer la position du point où se rencontrent les côtés non parallèles. Discuter le résultat auquel on arrive.

128. Les côtés de deux hexagones réguliers valent 33$^m$ et 56$^m$. Calculer le côté d'un troisième hexagone régulier dont la surface égale la somme des surfaces des deux premiers.

129. Dans un cercle de rayon R on prolonge le rayon d'une quantité donnée a ; mener par l'extrémité de ce prolongement une sécante telle que le rapport de cette sécante à sa partie extérieure soit égal à une quantité α. Dire si α peut être pris arbitrairement.

130. Un terrain est limité par un polygone dont le contour est 432$^m$ et dont tous les côtés sont tangents à un cercle de 54$^m$ de rayon ; trouver la surface du terrain et le côté du carré équivalent.

131. Calculer en hectares la surface d'un hexagone régulier de 325$^m$ de coté.

132. La surface d'un hexagone régulier = 34$^m$,19 ; calculer le côté à 0$^m$001 près.

133. Une salle rectangulaire a 6$^m$936 de longueur et 5$^m$,10 de largeur ; on veut la carreler avec des carreaux ayant la forme d'hexagones réguliers de 0$^m$,1 de côté, en remplissant les vides aux angles et sur les côtés du rectangle avec des fragments de carreaux. Calculer le nombre de carreaux nécessaire.

134. Trouver la surface d'un triangle équilatéral sachant que le rayon du cercle inscrit = 112$^m$ 25

135. Evaluer le coté et la surface d'un octogone régulier inscrit dans un cercle de 10$^m$ de rayon.

136. Construire un carré dans lequel la différence entre la diagonale et le côté = 6$^{m}$. Calculer en outre le rayon du cercle circonscrit au carré.

137. Construire un triangle équilatéral équivalent à un hexagone régulier donné.

138. Calculer le périmètre d'un octogone régulier inscrit dans un cercle de 3$^{m}$,50 de rayon.

139. Calculer le rayon d'un cercle dans lequel un arc de 1" vaut 0$^{m}$001.

140. On sait que dans un certain cercle un arc de 97°21'46",2 vaut 23$^{m}$. Calculer la valeur du mètre en degrés du même cercle.

141. La différence des latitudes de deux villes est 9°39'11". Calculer en lieues de 4 kilomètres la distance de ces deux villes.

142. Deux points situés sur le même méridien sont distants de 57027 toises; quel est l'angle des verticales de ces deux lieux. 1 toise = 1$^{m}$,949, et l'on suppose le rayon du méridien = 6366000 mètres.

143. Calculer à 0$^{m}$001 près la longueur d'une circonférence inscrite dans un triangle équilatéral de 7$^{m}$35 de côté.

144. A un cercle de 10$^{m}$ de rayon on mène des tangentes perpendiculaires entre elles deux à deux; prouver que le lieu de leur rencontre est une circonférence, et en calculer le rayon.

145. Calculer à 0$^{m}$001 près la corde qui soutend un arc de 120° dans un cercle de 457$^{m}$,23 de rayon.

146. Calculer la corde, le secteur et le segment correspondants à un arc de 60° dans un cercle de 2$^{m}$,35 de rayon.

147. Calculer la surface des cercles inscrit et circonscrit à un triangle équilatéral de 6$^{m}$ de côté.

148. Trouver à 0$^{m q}$0001 près l'aire d'un secteur de 50°50'42" dans un cercle de 1$^{m}$92 de diamètre.

149. Trouver à moins de 1" la graduation de l'arc d'un secteur dont la surface = 1$^{déc. q}$, et qui appartient à un cercle de 0$^{m}$5 de rayon.

150. Calculer à 0$^{m}$,001 près le rayon d'un cercle dans lequel l'arc

d'un secteur de $0^{m.q}$ 64 de surface a pour longueur $0^m$ 45

151. Calculer en hectares la surface d'un segment compris entre un arc de 90° et sa corde dans un cercle dont le rayon = $728^m$

152. Evaluer le rapport de deux segments dans lesquels est partagé un cercle par une corde égale à son rayon.

153. Calculer le rapport de la surface d'un triangle équilatéral à celle du cercle circonscrit.

154. On prend sur un cercle un arc de 30°; on forme le segment et le secteur; calculer le rayon du cercle, sachant que la surface du triangle surpasse celle du segment de $2^{m.q}$.

155. Trouver le rapport des surfaces d'un triangle équilatéral, d'un carré et d'un cercle, dont le périmètre vaut $4^m$

156. Calculer le côté d'un lozange sachant qu'il est égal à la plus petite diagonale, et que la surface du lozange égale celle d'un cercle de $10^m$ de rayon.

157. On a une couronne circulaire comprise entre deux circonférences concentriques, l'aire de cette couronne = $4^{m.q}$ et la différence des rayons des deux cercles est $3^m$, 1416. Quelle est la longueur de chacun des rayons.

158. Un triangle équilatéral est inscrit dans un cercle; la somme des aires des deux figures est $3^{m.q}$; calculer l'aire de chacune d'elles.

159. Calculer à $0^m$, 001 près le rayon d'un cercle, sachant que si ce rayon augmentait de $0^m$ 01, l'aire du cercle augmenterait de $1^{m.q}$.

160. Calculer à $0^m$ 01 près le rapport des surfaces des deux segments déterminés dans un cercle par une corde qui passe par le milieu du rayon, auquel elle est perpendiculaire.

161. Deux cercles sécants ont pour rayons $3^m$.75 et $2^m$ 15; la distance de leurs centres = $4^m$ 95. Calculer l'aire de la partie commune.

162. Partager au moyen d'un cercle concentrique un cercle en deux parties qui soient entre elles comme 3 est à 4. Solution géométrique et algébrique,

163. Calculer le rayon d'un cercle, sachant que la différence des aires de l'hexagone régulier et du carré inscrits est 1 mètre carré.

164. Calculer à $0^{m},001$ près le rayon d'un cercle, sachant que la différence des aires de l'octogone et de l'hexagone réguliers inscrits est $1^{m}$ carré.

165. Calculer à 0,001 près le rayon d'un cercle sachant que la surface de ce cercle surpasse celle de l'hexagone régulier inscrit de $62^{mq}25$

166. Le volume d'un parallélipipède rectangle est $4762^{m},7$. Calculer la longueur de ses arêtes, sachant qu'elles sont entre elles comme 3, 5, 7.

167. On fabrique avec de l'or dont la densité est 19,36 des feuilles qui ont $0^{m},0001$ d'épaisseur; quelle surface pourra-t-on recouvrir avec 5 grammes de ces feuilles ?

168. Un bassin dont le fond est horizontal a la forme d'un prisme droit dont la base est un octogone régulier de $10^{m}$ de côté. Combien contient-il de litres d'eau lorsque le niveau de celle-ci s'y élève à $0^{m}75$?

169. La hauteur d'un prisme droit est $0^{m},1$, chaque base est un rectangle dont l'un des côtés est double de l'autre; de plus les deux bases et les 4 faces latérales ont une surface totale de 28 cent. q. Calculer l'aire des bases et des faces latérales.

170. Un prisme de fonte pèse 3 kilog; sa base est un triangle équilatéral et sa hauteur est double du côté de la base. Trouver ce côté. Densité fonte = 7,7.

171. Un chemin de fer traverse une plaine horizontale sur un remblai ayant $6^{m}$ de hauteur, $8^{m}$ de largeur au sommet, et des talus dont la pente est $\frac{3}{4}$; calculer combien ce remblai contient de mètres cubes de terre sur un kilomètre de longueur, et quelle est sur la même longueur la surface de chaque talus ?

172. La surface totale d'un prisme droit hexagonal régulier est $12^{m}$ carrés et sa hauteur est 1 décimètre; il est en aluminium de densité 2,5; calculer son poids.

173. Trouver la hauteur d'une pyramide régulière à base carrée dont la surface de la base est $6^{mq},7483$ et la longueur des arêtes $= 3^{m}89$.

174. Trouver le volume d'une pyramide hexagonale régulière dont le côté de la base $= 1^{m}$ et l'arête $= 2^{m}$.

175. Le volume d'un tronc de pyramide triangulaire régulière est $100^{m}$ cubes. Sa hauteur est $9^{m}$ et le côté de l'une des bases $= 6^{m}$. Quel est le côté de l'autre base ?

176. Les bases d'un tronc de pyramide sont deux hexagones réguliers ayant pour côtés $1^{m}$ et $2^{m}$. Calculer la hauteur de ce tronc sachant que son volume $= 12^{m}$ cubes.

177. Trouver le volume d'un tronc de pyramide triangulaire régulière dont la grande

base a 9 mètres de côté, la petite 4 mètres, et dont l'arête latérale = 10 mètres.

178. On a un tronc de pyramide triangulaire dont les bases sont des triangles isocèles; l'angle au sommet de ces triangles est de 45°, et les côtés qui le comprennent valent pour l'un 1m pour l'autre ½ de mètre; de plus la hauteur du tronc = 6 mètres. Calculer le volume de la pyramide formée par la petite base et le prolongement des faces latérales.

179. Calculer la capacité d'une caisse sachant que le fond est un rectangle ayant pour dimensions 1m,35 de longueur et 0m,62 de largeur. L'ouverture également rectangulaire a 1m,32 de long et 0m,86 de large. Enfin la hauteur est de 0m,75, et le plan de l'ouverture est parallèle à celui du fond.

180. Une pyramide a pour hauteur 5m,40 et pour base un carré de 2m,75 de côté; à quelle distance de la base faut-il mener un plan pour que la section qu'il détermine ait 3m,24 de surface?

181. A quelle distance de la base d'une pyramide faut-il mener un plan parallèle à cette base pour que le volume de la petite pyramide soit ⅓ du volume du tronc?

182. Pour déterminer le rayon d'une sphère, on a décrit du pôle P un petit cercle dont le rayon = 0m,063, la distance rectiligne du pôle P à un point du petit cercle est 0m,087, en déduire la valeur du rayon de la sphère.

183. Quel est le diamètre de la base d'un cylindre de fer de 2m,50 de hauteur pesant 41 Kilog? Densité fer = 7,70

184. Calculer les dimensions du litre, sachant que c'est un cylindre dont la hauteur est double du diamètre de la base.

185. Un fil cylindrique en argent de 0m,0015 de diamètre pèse 3gr,287; on veut le recouvrir d'une couche d'or de 0m,002 d'épaisseur. Quel est le poids de l'or nécessaire. Densité argent = 10,47. Densité or = 19,26

186. Il faut un centimètre cube d'or pour dorer la surface latérale d'un cylindre de 0m,75 de hauteur et de 0m,02 de rayon de base; quelle est l'épaisseur de la couche d'or?

187. Quelle est la longueur d'un fil de platine de $\frac{1}{1200}$ de millimètre de diamètre, et dont le poids est 1 gramme. Densité platine = 21.

188. On verse 12 Kilogr. de mercure dans un vase cylindrique dont le diamètre intérieur est 0m,1; à quelle hauteur le mercure s'élèvera-t-il dans le vase? Densité du mercure = 13,596.

189. Un gramme de mercure occupe dans un tube capillaire une longueur de 0m,137, quel est le diamètre intérieur du tube. Densité mercure = 13,596.

190. Connaissant le côté A d'un cône et le rayon R de la base, trouver la surface de la section faite parallèlement à la base à une distance h du sommet.

191. Mener dans un cône dont la hauteur = 20 mètres, et le volume est 387m.c.

un plan parallèle à la base, de telle sorte que le volume du petit-cône qu'il détermine soit égal à 95$^{m.c.}$

192. Un cône dont la hauteur = $6^m$ et le rayon de base = $4^m$ est coupé par un plan parallèle à la base distant du sommet de $2^m$. Calculer la surface latérale et le volume du tronc de cône déterminé par ce plan.

193. Partager la surface latérale d'un cône en trois parties équivalentes par des plans parallèles à la base.

194. Un cône droit de $82^m$ de hauteur est partagé en trois parties équivalentes par deux plans parallèles à la base; calculer les distances de ces deux plans au sommet du cône.

195. Un vase de forme conique contient un litre, il a $0^m25$ de diamètre à son ouverture et est rempli par de l'eau et du mercure; calculer l'épaisseur de la couche d'eau sachant qu'elle pèse autant que le mercure, et que la densité de celui-ci est 13,596.

196. Un vase de forme conique a $0^m,12$ de hauteur et $0^m08$ de diamètre à son ouverture; il est rempli de mercure et d'eau de telle sorte que le poids du mercure est triple de celui de l'eau; calculer les hauteurs respectives de l'eau et du mercure. Densité mercure = 13,6.

197. Les rayons des deux bases d'un tronc de cône valent $7^m,30$ et $3^m,50$; la hauteur = $2^m$. Calculer la hauteur et le volume du cône entier.

198. La surface latérale d'un tronc de cône = 3.454 décim. carrés; les rayons des bases valent $1^m,42$ et $0^m,64$. Calculer la hauteur du tronc.

199. Les rayons des bases d'un tronc de cône valent $9^m,48$ et $7^m,25$; la hauteur = $4^m,3$. Par quel nombre faut-il multiplier la surface latérale du tronc pour avoir son volume.

200. Le volume d'un tronc de cône = $41^{m.c.},328$; la hauteur est $1^m.817$ et le rayon d'une des bases = $2^m,898$; calculer à $0^m01$ près le rayon de l'autre base.

201. Un tronc de cône a pour rayons de bases $11^m$ et $2^m$; que doit être un rayon de base d'un cylindre de même hauteur pour qu'il ait le même volume?

202. Un cylindre et un tronc de cône ont des hauteurs égales et même rayon de base; quel doit être le rapport des rayons de bases du tronc pour que son volume soit les $\frac{2}{3}$ de celui du cylindre?

203. Quelle est la surface latérale d'un cône dont le rayon de base = $1^m$ et le volume = $\frac{1}{3}$ m. cube?

204. Démontrer que le volume d'un tronc de cône est égal à la différence des volumes de deux sphères construites avec les rayons des bases, lorsque la hauteur du tronc est égale à 4 fois la différence de ces rayons.

205. Démontrer que si l'apothème d'un tronc de cône égale la somme des rayons des bases, la moyenne géométrique entre ces deux rayons est égale à la moitié de la hauteur du tronc; dont le volume est alors égal au produit de la surface totale par le ⅙ de sa hauteur.

206. Un réservoir a la forme d'un tronc de cône dont le fond a 1$^m$ de diamètre; la surface de l'eau contenue dans ce réservoir, et qui s'élève à 1$^m$50, présente un diamètre de 1$^m$60. On laisse tomber dans le réservoir un bloc cubique de marbre de 0$^m$,4 de côté, et l'on demande de combien s'élèvera le niveau de l'eau.

207. Une zone à deux bases appartient à une sphère de 13$^m$ de rayon, la surface de cette zone = 100 m.q. et la distance d'une des bases au centre est 1$^m$. Calculer la surface de l'autre base.

208. Les deux bases d'une zone située sur une sphère de 4$^m$ de rayon sont distantes du centre de 2$^m$ et 3$^m$. Calculer leur surface et celle de la zone.

209. Mener dans une sphère un plan perpendiculaire à un diamètre, de telle sorte que les deux zones formées soient entre elles comme 2 est à 3.

210. Dans une sphère de 1$^m$ de rayon, la zone engendrée par un arc tournant autour du diamètre qui passe par une de ses extrémités a pour base un cercle dont la surface est le quart de celle de la zone. Calculer la hauteur de cette zone à 0,01 près.

211. Calculer la surface d'une calotte sphérique dont la hauteur = 0$^m$032, et le rayon de base = 0$^m$045.

212. La terre étant supposée sphérique, calculer la surface de la zone comprise entre l'équateur et le parallèle dont la latitude est 45°. On prendra la circonférence de la terre égale à 40000 kilom.

213. Couper une sphère par un plan de telle sorte que la section soit les trois quarts de la surface de la zone correspondante.

214. Calculer à 0$^{mq}$,101 près la surface d'une zone engendrée par un arc de 30° d'un cercle de rayon = 3$^m$,161, tournant autour du diamètre qui passe par l'une de ses extrémités.

215. Quelle est la surface d'une calotte sphérique dont le rayon de base = 0$^m$015, et qui appartient à une sphère de 0$^m$027 de rayon ?

216. Calculer le côté d'un carré dont la surface serait égale à celle de la terre supposée sphérique. On prendra $2\pi R$ = 40000000 mètres.

217. Calculer à un décimètre cube près le volume engendré par un secteur

circulaire dont l'angle au centre = 45°, et qui tourne autour d'un de ses côtés, le rayon du cercle auquel il appartient étant 4^m 128.

**218.** Trouver le volume d'une sphère circonscrite à un cube dont l'arête = $0^m,36$.

**219.** Calculer à 0,001 de millimètre près le rayon d'un vase hémisphérique entièrement rempli par 5 kilogr. de mercure. Densité mercure = 13,6.

**220.** Une sphère creuse de cuivre de $0^m 18$ de rayon contient une sphère de platine de $0^m 15$ de rayon; il n'y a aucun vide entre les deux sphères. Calculer leurs poids à un milligramme près. Densité cuivre = 8,85. Densité platine = 21,53.

**221.** Une sphère, un cylindre et un cône ont des volumes équivalents; la sphère, la base du cylindre et celle du cône ont des diamètres égaux à $0^m,3$; calculer la hauteur du cylindre et celle du cône.

**222.** Trouver le volume d'une sphère dans laquelle on connaît la hauteur et la surface d'une zone. Application $h = 0^m,47$ $S = 2$ m. carrés.

**223.** Trouver la surface d'une boule de verre pesant 1 kilogr. Densité verre = 2,38.

**224.** Un boulet de fonte pèse 12 kilogr. Trouver son rayon et le poids de l'or nécessaire pour le dorer sur $0^m,0006$ d'épaisseur. Dens. fonte = 7,35. Densité or = 19,26.

**225.** Une goutte d'eau de savon a $0^m,001$ de diamètre. On la gonfle en une bulle de $0^m 1$ de diamètre. Calculer l'épaisseur des parois.

**226.** Quel doit être le rayon de base d'un cône de même volume qu'une sphère de rayon R, et ayant pour hauteur $\frac{R}{9}$?

**227.** Calculer les rayons de deux sphères, sachant que leur différence est $1^m,75$, et que la différence des volumes des sphères est 47 m. cubes.

**228.** Calculer à $0^m,001$ près les rayons de base de deux cylindres dont les hauteurs sont $1^m$ et $2^m$, sachant que la somme de leurs surfaces latérales égale la surface d'une sphère de $2^m$ de rayon, et que la somme de leurs volumes égale le volume d'une sphère de $3^m$ de rayon?

**229.** Un hexagone régulier de $104^m,638$ de côté tourne autour d'un de ses diamètres. Calculer à 1 déc. carré près la surface engendrée par le côté parallèle à l'axe de rotation.

**230.** Le diamètre d'une sphère = $4^m$; une corde parallèle à ce diamètre = $2^m$; calculer la surface engendrée par cette corde tournant autour du diamètre.

**231.** Un demi-hexagone régulier de $24^m$ de côté tourne autour de son diamètre. Calculer à un déc. carré près la surface engendrée.

**232.** Calculer à un déc. cube près le volume engendré par un triangle équilatéral tournant autour d'un de ses côtés égal à $2^m,75$.

**233.** Calculer le volume engendré par un triangle équilatéral de $9^m,75$ de côté tournant autour d'un axe mené parallèlement à un côté par le sommet opposé.

**234.** Calculer à un déc. cube près le volume engendré par un triangle isocèle dont la base $= 6^m$ et les côtés égaux valent chacun $9^m$, en tournant autour d'un axe parallèle à sa base et passant par son sommet.

**235.** Démontrer que le volume engendré par le rectangle ABCD (fig. 22) tournant autour de l'axe XY parallèle à BC est égal au produit de la surface ABCD par la circonférence de rayon OH.

Fig. 22.

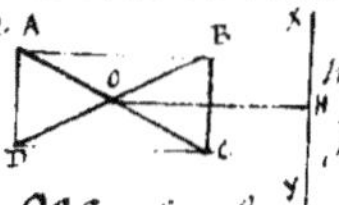

**236.** Sur le diamètre d'un demi-cercle, on décrit deux autres demi-cercles ayant l'un et l'autre pour diamètre le rayon du premier. On fait tourner le tout autour du grand diamètre et l'on demande d'évaluer le volume compris entre les trois surfaces engendrées.

**237.** Étant donné un cercle de rayon R et un point dont la distance au centre est $d$, on mène par ce point une tangente et un diamètre, et l'on joint le point de contact au centre : trouver le volume engendré par le triangle rectangle ainsi formé en tournant autour de son hypoténuse.

**238.** On a un trapèze ABCD (fig. 23) rectangle en A et B ; sur AB comme diamètre, on décrit une $\frac{1}{2}$ circonférence ; calculer le volume engendré par la fig. ACDBK tournant autour de AB.

Fig. 23.

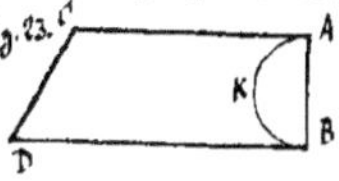

**239** On a un rectangle ABCD (fig. 24) ; par le milieu E du côté BC, on mène une droite MN, et l'on suppose que la figure tourne autour de AD. Calculer le rapport des volumes engendrés par les triangles NEC, BEM. On fera $AB = a$, $BM = b$.

Fig. 24.

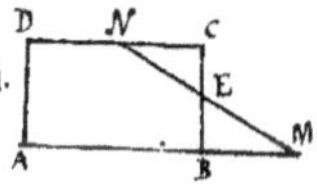

**240.** On mène les deux diagonales d'un rectangle, et par l'un des sommets un axe parallèle à l'une d'elles. Calculer en fonction des côtés $a$ et $b$ du rectangle les volumes engendrés en tournant autour de l'axe par chacun des 4 triangles formés par les côtés $a$, $b$, et les diagonales.

## Trigonométrie.

**241.** Le sinus d'un arc compris entre 90° et 180° est 0,75825 ; calculer à 0,001 près les autres lignes trigonométriques de cet arc et faire connaître leurs signes.

**242.** La cotangente d'un arc $= 1$ ; trouver le sinus de cet arc.

243. L'arc de 75° peut se partager en deux arcs dont on peut trouver le sinus et le cosinus au moyen de la géométrie; calculer ces 4 lignes et s'en servir pour déterminer le sinus, le cosinus et la tangente de 75°

244. Démontrer la relation $\cos(a+b)\cos(a-b) = \cos^2 a - \sin^2 b$.

245. Trouver le sinus et le cosinus de la moitié d'un arc dont le sinus est $\frac{1}{4}$.

246. Étant données deux arcs $a = 23°57'19''$ et $b = 21°16'46''$ calculer à 1'' près un arc $x$ tel que l'on ait $\sin x = \sin a + \sin b$.

247. Déterminer tous les arcs compris entre 0° et 1000° dont le cosinus $= +0,548$.

248. Trouver entre 0° et 360° un arc $x$ tel que $\cos x - \sin x = \sin 23°27'30''$

249. Trouver un arc $x$ tel que $\sin(x+45) + \sin(x+75) = \sin 82°$.

250. Étant donnés deux arcs $a = 38°14'36''$ et $b = 49°19'48''$, calculer un arc $x$ tel que l'on ait $\lg x = \lg a + \lg b$

251. Le cosinus d'un arc compris entre 90° et 180° est $-0,358$; calculer sans faire usage des tables, le cosinus de la moitié de cet arc et vérifier ensuite le résultat à l'aide des tables.

252. Trouver un nombre positif $x$ et un arc $y$ compris entre 0° et 360°, tels que l'on ait:

$$x\cos y = +324,629 \qquad x\sin y = -549,7827.$$

253. Trouver un arc compris entre 200° et 300° ayant pour tangente 1,57.

254. Calculer à 0'',1 près l'arc dont la tangente est $\sqrt{\frac{2}{3}}$.

255. Calculer à 1'' près un arc $x$ tel que $\sin x = \frac{\sqrt[3]{2}}{\sqrt[3]{12}}$

256. Calculer à 0'',1 près un arc $x$ tel que $\sin x = \sqrt[3]{\frac{2}{11}}$

257. Calculer à 0'',1 près l'arc $x$, sachant que $\sin 2x = \frac{2}{3}\sin x$.

258. Calculer à 1'' près l'arc $x$, sachant que $\operatorname{tg} x = \sqrt{3} \times \operatorname{tg} 28°17'46''$

259. Calculer directement $\sin 10°$ et indiquer l'approximation de la valeur obtenue

260. Calculer la corde d'un arc de 12° dans un cercle de 386$^m$,29 de rayon.

261. Calculer la graduation d'un arc appartenant à un cercle de 196$^m$,213 de rayon, sachant que la corde de cet arc $= 238^m,355$.

262. Quelle est la graduation d'un arc dont la corde est les $\frac{2}{3}$ du diamètre du cercle auquel il appartient?

263. Calculer les deux côtés de l'angle droit $b$ et $c$ d'un triangle rectangle, sachant que $\frac{b}{c} = 3,217$ et que l'hypoténuse $a = 32^m,526$.

264. Calculer les deux côtés $b$ et $c$ de l'angle droit d'un triangle rectangle dont l'hypoténuse $a = 55^m$ et la surface $S = 726$ m. carrés.

265. Calculer à 0'',1 près les angles d'un losange dont le périmètre $= 842,673$

et l'une des diagonales = $92^m,355$.

266. Calculer à 1'' près les angles d'un losange dont le périmètre = $864^m,36$, la surface = 32548 m.q.

267. Calculer les angles d'un triangle dont les côtés sont $6^m$, $8^m$ et $10^m$.

268. Résoudre un triangle, connaissant $A = 35°14'50''$, $\log b = 1,4151927$, $\log c = 1,7127128$.

269. Dans un triangle on a $a = 120^m$, $b = 135^m$, $c = 113^m$ ; calculer la hauteur correspondant au côté $a$.

270. On a dans un triangle $c = 23^m,215$ ; $b = 19^m,419$ ; $A = 46°29'37''$ ; calculer la longueur de la bissectrice de l'angle A.

271. On a dans un triangle $A = 34°23'44''$, $c = 268^m,84$, $a = 198^m,37$, calculer B.

272. On a dans un triangle $a = 1520^m$, $b = 1600^m$, $c = 1750^m$ ; calculer la longueur de la bissectrice de l'angle A.

273. On a dans un triangle $B = 68°26'17''$, $C = 75°8'23''$ et la hauteur menée du sommet A égale à $148^m,19$ ; calculer les 3 côtés du triangle.

274. On a dans un triangle $b = 92^m,35$, $c = 103^m,57$ et $S = 342865$ déc. carrés ; calculer l'angle A.

275. Dans un cercle on a un triangle formé par une corde et deux rayons ; trouver à 0''1 près la valeur que doit avoir l'angle au centre pour que la surface du triangle soit le douzième de celle du cercle.

276. On a dans un cercle un triangle formé par une corde et deux rayons ; quelle est la valeur de l'angle au centre pour laquelle la surface du triangle est maximum ? quel est le rapport entre cette surface maximum et celle du cercle ?

277. On a dans un triangle $a = 415^m$, $b = 332^m$, $c = 249^m$. Calculer le rayon du cercle circonscrit à ce triangle.

278. Calculer la surface d'un segment dont l'angle au centre = $141°27'38''$, sachant qu'il appartient à un cercle de $3^m$ de rayon.

279. Calculer à un centimètre carré près la portion de la surface d'un cercle de $1^m$ de rayon comprise entre un diamètre et une corde parallèle située à $0^m,7$ de ce diamètre.

280. Une corde AB située dans un cercle de $2548^m,365$ de rayon est égale à $3609^m,19$. Calculer à 0''1 près l'angle formé par les tangentes menées aux extrémités de l'arc AB.

281. Calculer la diagonale d'un pentagone régulier dont le côté est $1^m$.

282. On a un cercle dont le diamètre = 2. On prend sur ce diamètre à partir du centre une longueur = $\sqrt{\frac{3}{2}}$. Sous quel angle faut-il mener une sécante au cercle par le point ainsi obtenu pour que la corde interceptée soit égale à 1.

283. Même question en supposant que la longueur prise sur le diamètre soit $\frac{\sqrt{3}}{2}$.

284. Dans un cercle de $5^m$ de diamètre on inscrit un rectangle dont l'un des côtés est $4^m$. Par les sommets de ce rectangle on mène des tangentes qui forment un quadrilatère ; calculer la surface et les angles de ce quadrilatère.

285. Dans un quadrilatère ABCD (fig. 25), on a $B = 90°$ ; les deux côtés AB, BC, égaux chacun à $21^m915$ ; le côté $DC = 28^m713$ et $C = 53°29'18''$. Calculer AD.

Fig. 25

286. Calculer le rapport de la surface d'un triangle isocèle dont l'angle au sommet vaut $54°28'17''$, à celle du cercle circonscrit.

287. Trois points A, B, C, étant donnés sur une carte, déterminer la position du point D, d'où l'on aperçoit les distances AB, BC, sous les angles $ADB = 57°30'28''$, $CDB = 61°29'17''$.

On donne $AB = 335^m415$ ; $BC = 198^m923$ ; $ABC = 118°15'28''$

288. Dans le même plan qu'une droite $AB = 3784^m$ (fig. 26), on a deux points P et Q, on demande de calculer la distance PQ, sachant que $PAB = 87°35'$, $PBA = 46°34'$, $QAB = 47°32'$, $QBA = 84°35'$.

Fig. 26

289. Calculer à $1^m$ près l'arc du parallèle terrestre dont la latitude est $48°50'$, sachant que la différence des longitudes de ses deux extrémités est $3°36'$. On prendra la circonférence de la terre égale à $40000000^m$.

290. Calculer à un myriamètre carré près la surface de l'une des deux zones glaciales, en supposant que le cercle polaire qui la limite est à $23°30'$ du pôle. On prendra la circonférence de la terre égale à 4000 myriamètres.

291. Quelle doit être la graduation d'un arc de cercle pour que l'aire de la zone qu'il engendre en tournant autour du diamètre qui le divise en deux parties égales soit la moitié de l'aire du cercle.

292. Un cercle de $5^m$ de rayon est inscrit dans un angle BAC de $38°42'35''$ (fig. 27). Calculer à 1 déc. carré près l'aire de la figure ABCD comprise entre l'arc BDC et les deux côtés de l'angle.

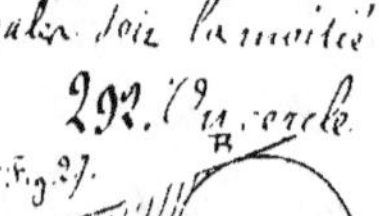

Fig. 27.

293. On donne un angle A et un point D sur le côté AC de cet angle (fig. 28). On demande : 1° la formule qui exprime la longueur de la ligne DE comprise entre le point D et la ligne AB et faisant l'angle $ADE = x$ ; 2° la valeur de $x$ pour laquelle la ligne DE est minimum ; 3° la valeur minimum

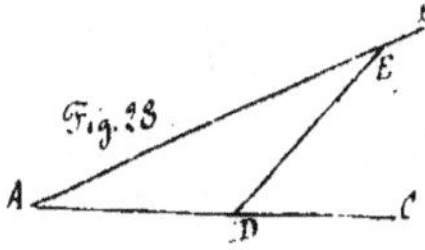

Fig. 28

de DE lorsque BAC = 53°28'15" et AD = 25$^m$ 15.

294. Calculer l'angle du secteur circulaire AOB, sachant que le volume qu'il engendre en tournant autour de son côté AO est le quart du volume de la sphère.

295. Calculer le volume du secteur sphérique engendré par la révolution d'un secteur circulaire AOB tournant autour de son côté OA en supposant le rayon OA = 0$^m$,70, et l'angle au centre du secteur = 54°28'

296. Calculer le volume engendré par un triangle tournant autour du côté c sachant que A = 23°37'30", c = 23$^m$,215, b = 21$^m$,107

297. Calculer le volume engendré par un triangle équilatéral de 235$^m$,65 de côté tournant autour d'un axe situé dans son plan, passant par un de ses sommets et faisant avec le côté adjacent un angle de 45°

298. Calculer le volume engendré par le triangle ABC (fig 29) tournant autour de l'axe AX perpendiculaire au côté AB, sachant que A = 30°35'12", AB = 2$^m$,314, AC = 3$^m$,087.

Fig 29

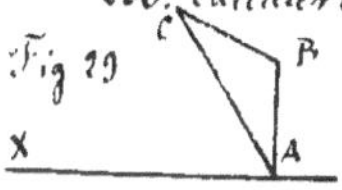

299. Calculer le volume engendré par le pentagone ABCDE (fig. 30) formé par le carré BCDE et le triangle équilatéral ABE, en tournant autour de l'axe XY. On supposera AB = 13$^m$,217

Fig. 30

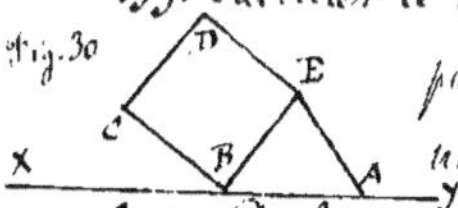

300. Quel doit être le rayon d'un cercle pour que la différence entre un arc de 75$^m$ de ce cercle et sa corde soit moindre que 0$^m$,01?

Fin.

# Table des Matières.

## Arithmétique.



## Algèbre.



## Géométrie.



## Trigonométrie.



Imp. Toupet, 8, rue d'Ulm.

www.ingramcontent.com/pod-product-compliance
Lightning Source LLC
LaVergne TN
LVHW020035170826
845678LV00001B/269

* 9 7 8 2 3 2 9 6 9 8 8 0 9 *